LOS TRANSPORTES EN LA INGENIERÍA INDUSTRIAL

(PROBLEMAS Y PRÁCTICAS)

LOS TRANSPORTES EN LA INGENIERÍA INDUSTRIAL

(PROBLEMAS Y PRÁCTICAS)

A. Miravete, E. Larrodé, J. Cuartero
y L. Castejón

Area de Ingeniería e Infraestructura de los Transportes

Universidad de Zaragoza

ZARAGOZA

Primera edición, 1998
Editado por Antonio Miravete

I.S.B.N. 978-84-921349-6-0
Dep. Legal: B-3462-2006 E.U.
Imprime: Publidisa

ÍNDICE

PARTE B. GRÚAS

PARTE C. EL TRANSPORTE VERTICAL

PARTE D. TRANSPORTADORES Y ELEVADORES

PRÓLOGO

El presente texto es un complemento del libro: Los Transportes en la Ingeniería Industrial (Teoría). Este ultimo texto sienta las bases de los cuatro temas que constituyen la Asignatura de Transportes en la titulacion de Ingeniero Industrial por la Universidad de Zaragoza.

El objeto del presente libro es doble:

- En primer lugar, explicar una serie de ejercicios prácticos relacionados con las partes B (Grúas), C (Transporte Vertical) y D (Transportadores y Elevadores) del libro: Los Transportes en la Ingeniería Industrial (Teoría). No se contempla la parte A ya que esta es un exposición general de la asignatura y no ha considerado oportuno transcribir ejercicios prácticos relacionados con ese tema.

- En segundo lugar, exponer los guiones de practicas de con las partes B (Grúas), C (Transporte Vertical) y D (Transportadores y Elevadores) del libro: Los Transportes en la Ingeniería Industrial (Teoría).

Con objeto de que este texto se siga con mas facilidad, se han ordenado los problemas y los guiones de practicas siguiendo el índice del libro: Los Transportes en la Ingeniería Industrial (Teoría).

Confiamos que el texto sea de interés para tanto estudiantes de Ingeniería Industrial como para profesionales relacionados con el Transporte.

PROBLEMAS DE TRANSPORTES
PARTE B. GRÚAS.

EJERCICIO B 1.1.

ENUNCIADO: El objeto de este problema es evaluar la importancia que tienen sobre una carga útil dada, los pesos de los diferentes elementos de suspensión y en el caso de manipulación de contenedores, el propio peso del contenedor, que obviamente no se puede considerar carga útil ni peso de elemento de suspensión, se podría considerar peso de elemento auxiliar. La grúa de puerto de la Figura BE 1.1. tiene dispuesto su aparejo de manera que se puede utilizar cualquier elemento de suspensión, en cualquier caso la carga útil a elevar es 12.500 daN. Evaluar la carga total a elevar así como la proporción del peso del elemento de suspensión respecto a la carga total considerando los tres elementos de suspensión más usuales.

Figura BE 1.1. Grúa de puerto a la que se puede acoplar gancho, cuchara y spreader como elementos de suspensión.

SOLUCIÓN: se van a analizar los siguientes casos:

1. Gancho simple
2. Cuchara de 2 cables

   Densidad aparente, $\rho = 1$ T/m^3; Capacidad, $\nu = 12{,}5$ m^3
3. Spreader extensible con 2 tramos

Caso 1

Para evaluar el peso del gancho simple, como ya se ha explicado anteriormente, no se calcula sino que se selecciona según la norma DIN 15401 (Tabla B 1.1.) De acuerdo con esta Tabla, como la carga a elevar no está en la tabla seleccionamos el valor inmediatamente superior, que en este caso será una carga de 16.000 daN que corresponde a un gancho doble y cuyo peso es de **110 daN**.

Caso 2

Para evaluar el peso de la cuchara, como ya se ha explicado anteriormente, no se calcula sino que se selecciona según la norma DIN 69201 (Tabla B 1.6.). De acuerdo con esta Tabla, y tomando cuchara de 2 o 4 cables y densidad 1 T/m^3, el peso de la cuchara es **9500 daN**.

Caso 3

Para calcular todas las cargas a elevar en este caso, hay que calcular en primer lugar el contenedor y luego, el spreader.

1. Cálculo del peso del contenedor

Utilizamos un contenedor de 12.000 mm (12.000 x 2.500 x 2.500). Podemos estimar el peso del contenedor con las medidas de la figura BE 1.2.

A efectos de peso, se va a considerar el efecto corruga en laterales y techo mediante un factor multiplicador de 2 y se va a suponer que el resto de las chapas son lisas:

$P_{suelo} = 0{,}003 \cdot 2{,}500 \cdot 12{,}000 \cdot 8\ 10^3 =$ 720 daN

$P_{laterales\ y\ techo} = 3 \cdot (0{,}0015 \cdot 2{,}5 \cdot 12{,}0 \cdot 8\ 10^3) \cdot 2 =$ 2160 daN

$P_{fondo\ y\ puerta} = 2 \cdot (0{,}0015 \times 2{,}500 \cdot 2{,}500 \cdot 8\ 10^3) =$ 150 daN

$P_{perfiles} = (0{,}1^2 - 0{,}094^2) \cdot (4 \cdot 2{,}5 + 4 \cdot 12{,}0 + 4 \cdot 2{,}5) \cdot 8\ 10^3 =$ 634 daN

$P_{refuerzos\ suelo} = ((0{,}1 \cdot 0{,}05) - (0{,}096 \cdot 0{,}048)) \cdot 2{,}5 \cdot 39 \cdot 8\ 10^3 =$ 306 daN

$P_{contenedor} = 720 + 2160 + 150 + 633 + 305 =$ **3970 daN**

2. Dimensionamiento y cálculo del peso del spreader

La carga en cada uno de las cuatro esquinas para el cálculo del spreader será:

$Q_e = (Q_{útil} + Peso_{contenedor})/4 = (12.500 + 3.970)/4 = 4117$ daN

Es decir, se va a suponer que la carga dentro del contenedor está centrada, algo a lo que se tiende siempre.

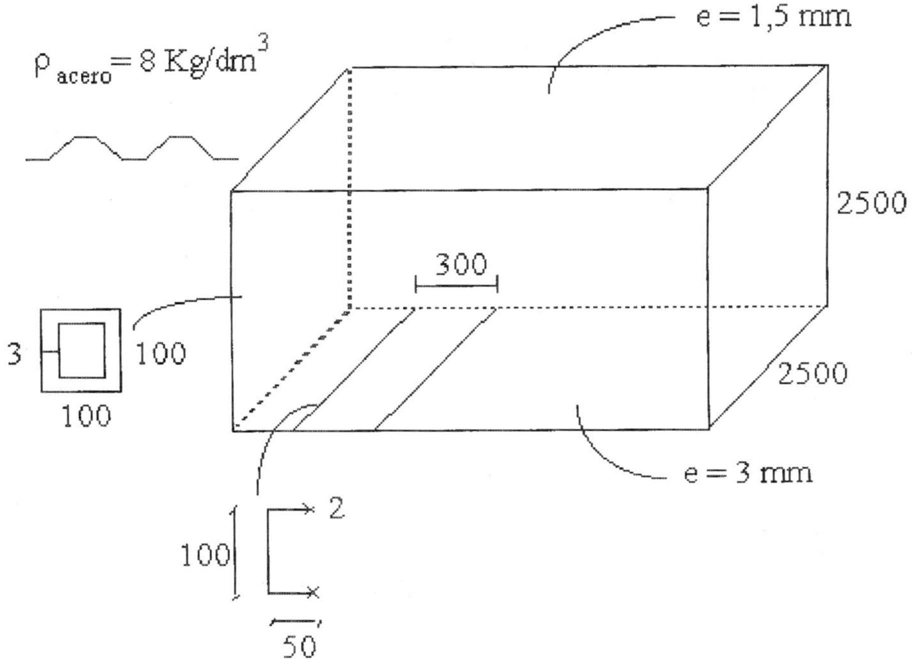

Figura BE 1.2.. Dimensiones del contenedor y efecto corruga.

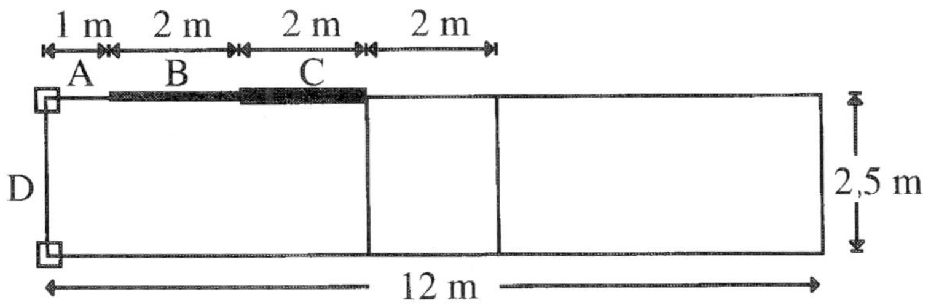

Figura BE 1.3. Dimensiones del spreader.

Analizando en primer lugar el tramo C, tenemos aplicado un momento flector de valor:

$M_f = 4117 \,.\, 5 = 20.585$ daN.m

como puede verse en la figura BE 1.4.

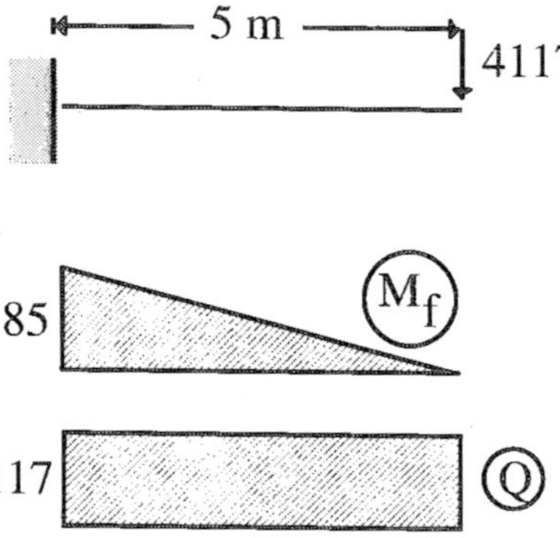

Tomaremos un coeficiente de seguridad de 2.

Figura BE 1 4. Solicitación del tramo C.

Se va a utilizar acero A-42 de límite elástico 260 MPa.

TRAMO C:

Interesa una sección rectangular, dado que todos los esfuerzos son verticales, y que tenga más inercia respecto de un eje que del otro. Cálculamos el módulo resistente según la siguiente sección:

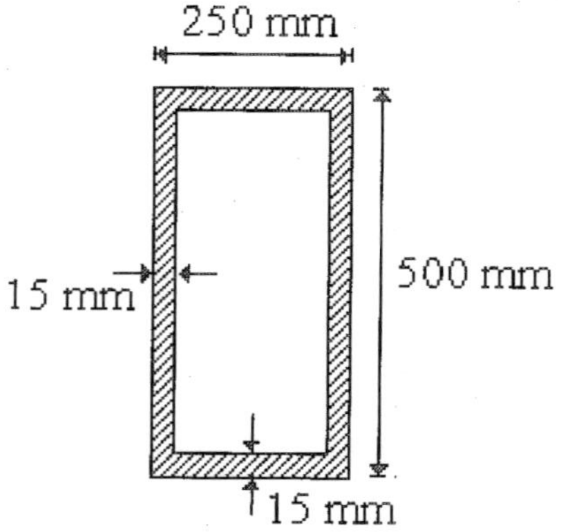

$$I = \frac{1}{12} b_1 h_1^3 - \frac{1}{12} b_2 h_2^3 = \frac{1}{12} \ (250 \text{ x } 500^3 - 220 \text{ x } 470^3) = 7 \ . \ 10^8 \text{ mm}^4$$

$$W = \frac{I}{h/2} = \frac{7 \cdot 10^8}{250} = 2{,}8 \ . \ 10^6 \text{ mm}^3$$

El spreader es extensible, es decir, debe poder adaptarse a contenedores de 6, 9 y 12 metros. Por lo tanto el tramo C es fijo (longitud: 2 metros) y los tramos A y B son móviles, de manera que su longitud será de 2 y 3 metros respectivamente.

Cálculo del área de cortadura: $A_C = 500 \text{ x } 30 = 15.000 \text{ mm}^2$

Teniendo en cuenta que: $\sigma = \frac{M_f}{W}$ y que $\tau = \frac{Q_e}{A_C}$

Por el criterio de Von Mises calculamos la tensión equivalente:

$$\sigma_{eq} = \sqrt{\sigma^2 + 3\tau^2} = \sqrt{\left(\frac{20585 \cdot 10^3}{2{,}8 \cdot 10^6}\right)^2 + 3\left(\frac{4117}{15000}\right)^2} =$$

$$= \sqrt{54 + 0{,}22} = 7{,}36 \text{ daN/mm}^2 = 73{,}6 \text{ MPa}$$

Coeficiente de seguridad = $Cs = \frac{260}{73{,}6} = 3{,}53 > 3$

Como la sección hallada es algo conservadora probamos con otra sección de altura 450 mm

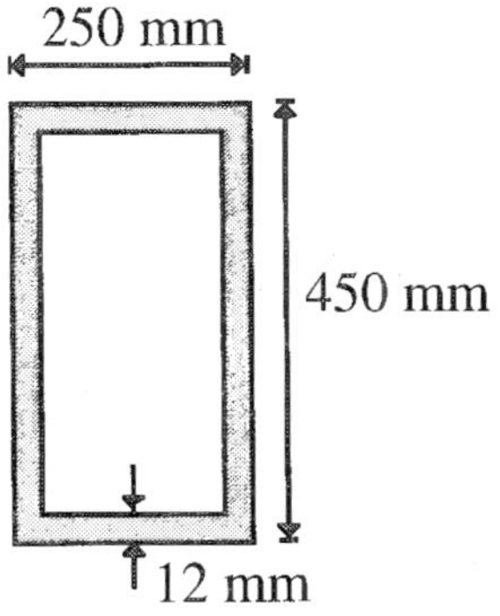

$$I = \frac{1}{12} b_1 h_1^3 - \frac{1}{12} b_2 h_2^3 = \frac{1}{12} (450^3 \text{ x } 250 - 426^3 \text{ x } 226) = 4{,}42.10^8 \text{ mm}^4$$

$$W = \frac{I}{h/2} = \frac{4{,}42 \cdot 10^8}{225} = 1{,}96 \text{ . } 10^6 \text{ mm}^3$$

$A_C = 450 \text{ x } 24 = 10.800 \text{ mm}^2$

$$\sigma_{eq} = \sqrt{\sigma^2 + 3\tau^2} = \sqrt{\left(\frac{20585 \cdot 10^3}{1{,}9 \cdot 10^6}\right)^2 + 3\left(\frac{4117}{10800}\right)^2} =$$

$$= \sqrt{110{,}3 + 0{,}43} = 10{,}52 \text{ daN/mm}^2 = 105{,}2 \text{ MPa}$$

Coeficiente de seguridad = $Cs = \frac{260}{105,2} = 2,47$ este valor es admisible, podría probarse un espesor de 11 mm, pero éste no está normalizado.

TRAMO B:

Su geometría exterior debe coincidir con la geometría interior del tramo C.

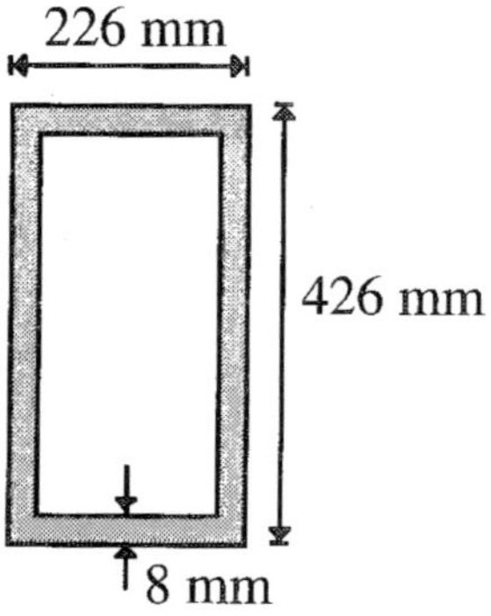

$$I = \frac{1}{12} b_1 h_1^3 - \frac{1}{12} b_2 h_2^3 = \frac{1}{12} \quad (426^3 \text{ x } 226 - 410^3 \text{ x } 210) = 2,5.10^8 \text{ mm}^4$$

$$W = \frac{I}{h/2} = \frac{2,5 \cdot 10^8}{213} = 1,17 \;.\; 10^6 \text{ mm}^3$$

$$A_C = 426 \text{ x } 16 = 6.816 \text{ mm}^2$$

$$M_f = \frac{20585 \text{ x } 3}{5} = 12.351 \text{ daN.m}$$

$$\sigma_{eq} = \sqrt{\sigma^2 + 3\tau^2} = \sqrt{\left(\frac{12351 \cdot 10^3}{1,17 \cdot 10^6}\right)^2 + 3\left(\frac{4117}{6816}\right)^2} =$$

$$= \sqrt{111,43 + 1,1} = 10,61 \text{ daN/mm}^2 = 106,1 \text{ MPa}$$

Coeficiente de seguridad = $Cs = \frac{260}{106,1} = 2,45$ este valor es admisible. Si no fuera admisible, aumentaríamos el espesor. Si éste estuviera limitado podría mejorarse la calidad del acero.

TRAMO A:

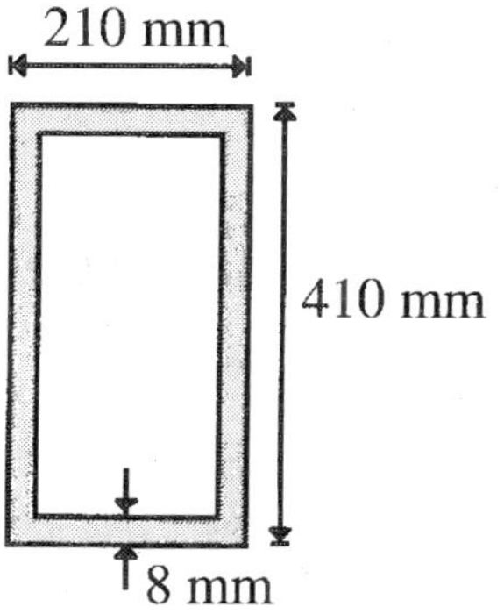

$$I = \frac{1}{12} b_1 h_1^3 - \frac{1}{12} b_2 h_2^3 = \frac{1}{12} (410^3 \text{ x } 210 - 394^3 \text{ x } 194) = 2{,}17.10^8 \text{ mm}^4$$

$$W = \frac{I}{h/2} = \frac{2{,}17 \cdot 10^8}{205} = 1{,}06 \;.\; 10^6 \text{ mm}^3$$

$$A_C = 4106 \text{ x } 16 = 6560 \text{ mm}^2$$

$$M_f = \frac{20585}{5} = 4117 \text{ daN.m}$$

$$\sigma_{eq} = \sqrt{\sigma^2 + 3\tau^2} = \sqrt{\left(\frac{4117 \cdot 10^3}{1{,}06 \cdot 10^6}\right)^2 + 3\left(\frac{4117}{6560}\right)^2} =$$

$$= \sqrt{15{,}08 + 1{,}18} = 4{,}03 \text{ daN/mm}^2 = 40{,}3 \text{ MPa}$$

Coeficiente de seguridad = Cs = $\frac{260}{40{,}3}$ = 6,45 >> sin embargo, se considera admisible por estar en el límite de nuestras restricciones: altura limitada.

TRAMO D:

Sus esfuerzos son despreciables. Se dimensiona según condiciones de diseño (soldadura ...)

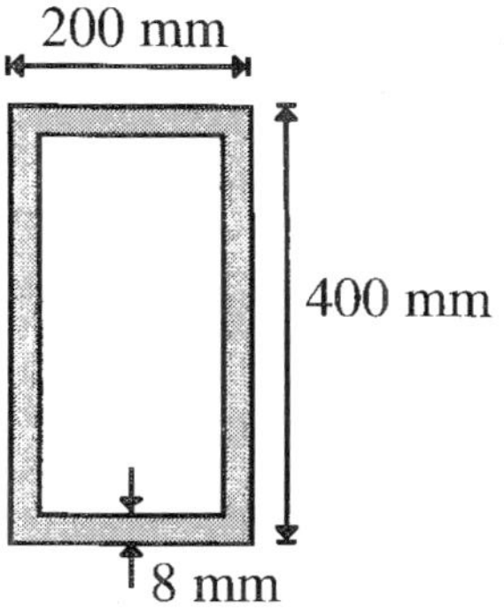

PESOS:

TRAMO C: $P_C = ((450 \times 250) - (426 \times 226)) \dfrac{8}{10^6} 2000 = 259$ daN

TRAMO B: $P_B = ((426 \times 226) - (410 \times 210)) \dfrac{8}{10^6} 3000 = 244$ daN

TRAMO A: $P_A = ((410 \times 210) - (394 \times 194)) \dfrac{8}{10^6} 2000 = 154$ daN

TRAMO D: $P_D = ((400 \times 200) - (184 \times 384)) \dfrac{8}{10^6} 2500 = 186$ daN

TOTAL: $P_{tramos} = 4\ (P_A + P_B + P_C) + 2P_D = 4\ (P_A + B + P_C) + 2P_D = 3000$ daN

La parte central del spreader o anclaje, donde se alojan los aparejos y elementos de control, se puede estimar que pesa 1/3 del resto del spreader:

$P_{anclaje} = 3000/3 = 1000$ daN
$P_{total} = P_{tramos} + P_{anclaje} = 3000 + 1000 =$ **4000 daN**

3. Conclusiones:

De acuerdo con los resultados de los tres casos analizados en este problema, se puede obtener la siguiente Tabla de resultados.

Tabla BE 1.1. Tabla de resultados de pesos de elementos de suspensión.

Caso	$Q_{útil}$	Q_{ses}	P_{es}	$Q_T = Q_{ses} + P_{es}$	$(P_{es} / Q_T).100$
1	12500	12500	110	12610	0,87 %
2	12500	12500	9500	22000	43,18 %
3	12500	16470	4000	20470	19,54 %

Donde:

$Q_{útil}$: carga útil (daN)

Q_{ses}: carga que eleva el elemento de suspensión (daN) (en todos los casos coincide con la carga útil, excepto para el caso de spreader donde hay que añadir a la carga útil el peso del contenedor 3970 daN)

P_{es}: peso del elemento de suspensión (daN)

Q_T: peso total a elevar (daN)

La última columna refleja el porcentaje del peso del elemento de suspensión sobre el peso total a elevar. Como se aprecia, el peso del gancho no supera el 1% y por lo tanto, se puede despreciar. Sin embargo, el peso de la cuchara y del spreader debe ser considerado. Otra conclusión que se desprende de este ejercicio es que hay que contemplar también el peso del contenedor, en el caso de tener un elemento de suspensión como el spreader ya que supone un 19,39 % de la carga total a elevar.

EJERCICIO B 2.1

ENUNCIADO: El puente grúa de la Figura BE 2.1. tiene un que elevar una carga de 12.000 daN. Se va a suponer que el diámetro de las poleas es de 1000 mm. El cable tiene una resistencia de 180 Kg/ mm^2. El aparato posee una Frecuencia aproximada igual de cargas pequeñas, medianas y máximas, y se le estima una duración del mecanismo de 25000 horas.

Dimensionar el cable: 1.- Diámetro del cable

2.- Vida del cable

Figura BE 2.1. Fotografía del puente grúa de una polea.

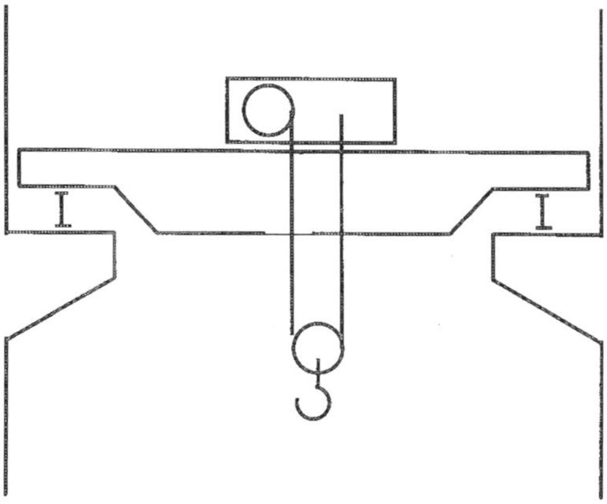

Figura BE 2.2. Detalle del esquema de elevación.

SOLUCIÓN:

1.- Cálculo de diámetro del cable

Según la Tabla B 2.17., el aparato pertenece al Grupo M8. y según la Tabla B 2.18 $\Rightarrow K_c = 0{,}375$

$Q_{útil} = 12000$ daN

$Q_{elemento\ suspensión} = 85$ daN (según tabla de ganchos B 1.1.)

la carga total es $Q_T = Q_{útil} + Q_{elemento\ suspensión} = 12000 \text{ daN} + 85 \text{ daN} = 12085$ daN

Existen varias disposiciones posibles :

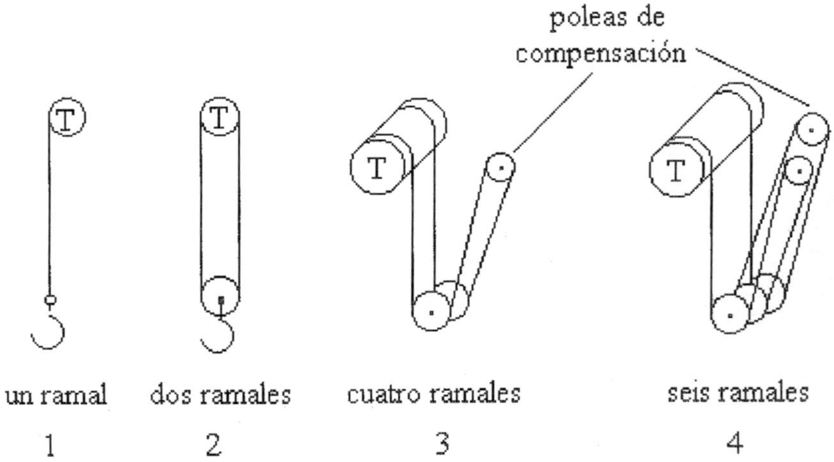

Figura BE 2.3.

Considerando la disposición 2:

Suponiendo $\alpha_m < 22{,}5°$ y $Fa < 10\%\ Q_T$

$\eta = 0{,}99$ (Tabla B 2.19.)

$i = 2$ (2 ramales)

$$S = \frac{Q_u + Q_{es}}{i \cdot \eta} = \frac{12.000 + 85}{2 \cdot 0{,}99} = 6103{,}5 \text{ daN}$$

$$d_{cable} = K_C \sqrt{S} = 0{,}375 \sqrt{6103{,}5} = 29{,}29 \text{ mm}$$

Normalizando este valor en tablas (B 5.2., B 5.3. ó B 5.4.: $d_{cable} = 30$ mm

Según la Tabla B 2.10., hay dos opciones (podríamos coger de 10 a 30 mm ó de 20 a 40 mm) , tomaremos de 10 a 30 mm pues son más económicos, y resultan suficientes para el problema. Tenemos encurvación y tracción (ambos de una misma importancia). Entonces, se eligen dos soluciones en función del tipo de trabajo del puente grúa:

a) Industria genérica $\Rightarrow$ 6 x 37 (1+6+12+18)+1

b) Aplicación minería $\Rightarrow$ 6 x 36 SW (1+7+7.7+14)+1 a)

b)

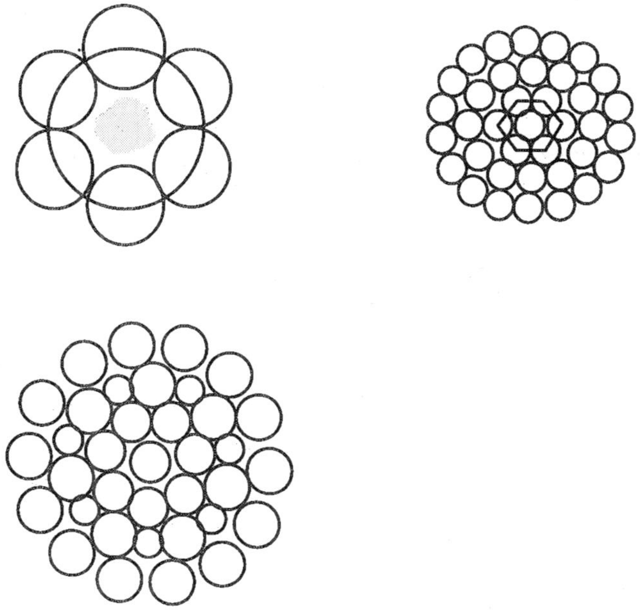

Figura BE 2.4.

2. Cálculo de la vida estimada del cable

Se va a utilizar la fórmula de G. Niemman (Ec. B 2.29):

$$W = \frac{170000}{n} \cdot \left(10\, b_1\, b_2 \, \frac{\frac{D}{d} - \frac{9}{b_1}}{\sigma_e + 40} \right)^2$$

con: $n = 1$

$d_{polea} = D = 1000$ mm

$d_{cable} = d = 30$ mm

$b_1 = 1$ (para $r = 0{,}54\ d$)

$b_2 = 1{,}04$

$$\sigma_e = \frac{120850}{2.\pi.0.015^2} = 85{,}5\ .10^6 \text{ Pa} = 85{,}5 \text{ MPa}$$

$$W = \frac{170000}{1} \cdot \left(10\ .\ 1\ .\ 1{,}04 \, \frac{\frac{1000}{30} - 9}{85{,}5 + 40} \right)^2 = 691243{,}9 \text{ flexiones}$$

Como es muy superior al límite inferior de 150.000 flexiones para grandes grúas el cable está bien calculado.

EJERCICIO B 3.1

ENUNCIADO: El vehículo grúa de la Figura BE 3.1. tiene un que elevar una carga total de 12500 daN (carga útil + peso del elemento de suspensión). El elemento de suspensión es un gancho, y el aparejo es de una única polea, dos ramales de cable de diámetro 38 mm, antigiratorio. El aparato posee una Frecuencia aproximada igual de cargas pequeñas, medianas y máximas, y se le estima una duración del mecanismo de 6.300 horas

Dimensionar la polea:

1.- diámetro de la polea
2.- espesor llanta
3.- espesor radios

Figura BE 3.1. Fotografía de la grúa pórtico de una polea.

SOLUCIÓN:

1. Cálculo de diámetro de la polea

Según la Tabla B 2.17, el aparato es del Grupo M6.

Para este grupo, y sabiendo que es cable antigiratorio, según la tabla B 3.8., $h_1 = 25$

Para determinar h_2, se puede ir a la Figura B 3.12., o calcular el parámetro W_{tot} y buscarlo en la Tabla B 3.9.

Según la Figura B 3.12., el coeficiente vale: $h_2 = 1$

Calculándolo: $W_1 = 1$, por pasar por un tambor

$W_2 = 2$, por pasar por una polea con flexión en el mismo sentido

$Wtot = W_1 + W_2 = 1 + 2 = 3 < 5$

Según la Tabla B 3.9., para $W_{tot} = 3$, $h_2 = 1$.

Con lo que el diámetro primitivo de la polea es:

$$d_{polea} = D_1 \geq d_{cable} \cdot h_1 \cdot h_2 = 38 \cdot 25 \cdot 1 = 950 \text{ mm}$$

En este caso tenemos carga alta y una sola polea por ello se selecciona una polea con rodamiento de bolas, como debe ser de diámetro mayor o igual a 945 mm seleccionamos una de 1000 mm.

2. Cálculo del espesor de la llanta de la polea

Entrando en la Tabla B 3.5., para un diámetro $D_1 = 1000$ mm, se obtienen los siguientes valores de la polea:

$d_2 = 1100$ $\qquad 37 < d_{cable} < 43$

$b = 83$

$d_6 = 400$

Calculamos la altura de la garganta de esta forma: $\dfrac{d_2 - D_1}{2} = 50$ mm

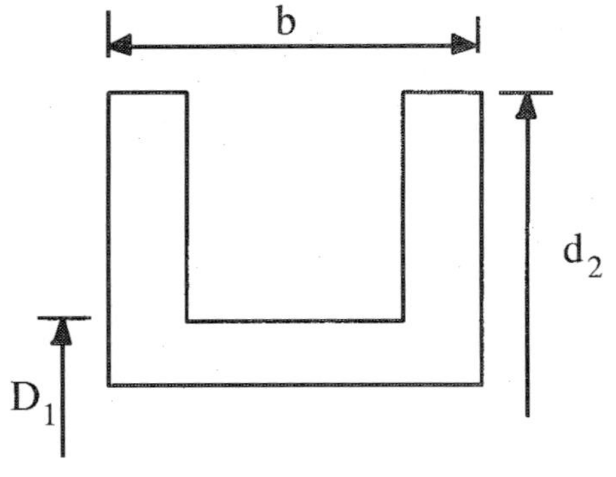

Figura BE 3.2.

Consideraremos un determinado espesor y con él haremos el cálculo de la polea
Suponemos un espesor de pared de e = 8 mm
Suponemos también el número de radios; 8 radios.

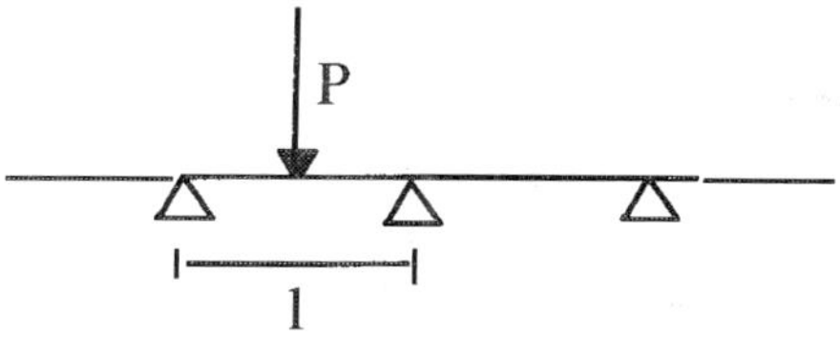

$$S = \frac{Q_{Total}}{n^o \text{ ramales}} = \frac{12500}{2} = 6250 \text{ daN} \quad \text{(S es la carga por ramal)}$$

$$\gamma = \frac{360}{8} = 45^o \qquad l = \frac{\pi D_1}{8} = \frac{\pi\, 1000}{8} = 392{,}7 \text{ mm}$$

$$P = 2\, S.\text{sen}\, \frac{\gamma}{2} = 2\,.\,6250\,.\,\text{sen}\, 22{,}5^o = 4783{,}5 \text{ daN}$$

$$M_f = \frac{P.l}{16} = 1{,}17.10^5 \text{ daN.mm}$$

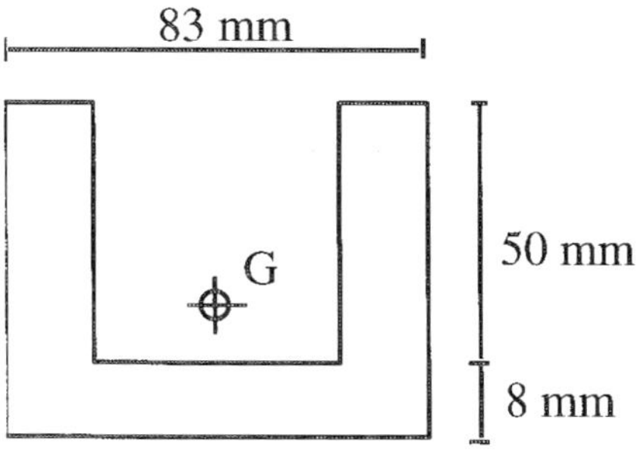

Figura BE 3.3.

Recordando que $\sigma_f = \frac{M_f}{W}$ y que $\tau = \frac{P/2}{A_c}$

$$A_c = 8.58.2 = 928 \text{ mm}^2$$

Cálculo de I por Steiner:

$$I = I_G + A\,.\,z^2$$

$$h_G = \frac{\sum h_i A_i}{\sum A_i} = \frac{29\,(58\cdot 8\cdot 2) + 4\,(67\cdot 8)}{58\cdot 8\cdot 2 + 67\cdot 8} = 19{,}84 \text{ mm}$$

$$I = \sum \frac{1}{12} b_i h_i^3 + \sum A_i (h_i - h_G)^2 =$$

$$= \frac{1}{12}(8.58^3.2 + 67.8^3) + 58.8.2\,(29 - 19{,}84)^2 + 67.8\,(4 - 19{,}84)^2 = 475357{,}8 \text{ mm}^4$$

$$W = \frac{I}{h_{CG\,max}} = \frac{475357{,}8}{(58 - 19{,}84)} = 12457 \text{ mm}^3$$

$$\sigma_f = \frac{1{,}17.10^5}{12457} = 9{,}42 \text{ daN/mm}^2$$

$$\tau = \frac{4783{,}5 \;/\; 2}{928} = 2{,}57 \text{ daN/mm}^2$$

Según el criterio de Von Mises:

$$\sigma_{eq} = \sqrt{\sigma_f^2 + 3\tau^2} = 10{,}41 \text{ daN/mm}^2 = 104{,}1 \text{ MPa}$$

Utilizando Acero A-42 con límite elástico $\sigma_e = 26$ daN/mm^2 calculamos el coeficiente de seguridad que tenemos: $C_s = \frac{260}{104{,}1} = 2{,}49$

3. Cálculo del espesor de los radios

Determinaremos ahora el espesor de los radios que unen la llanta y el cubo.

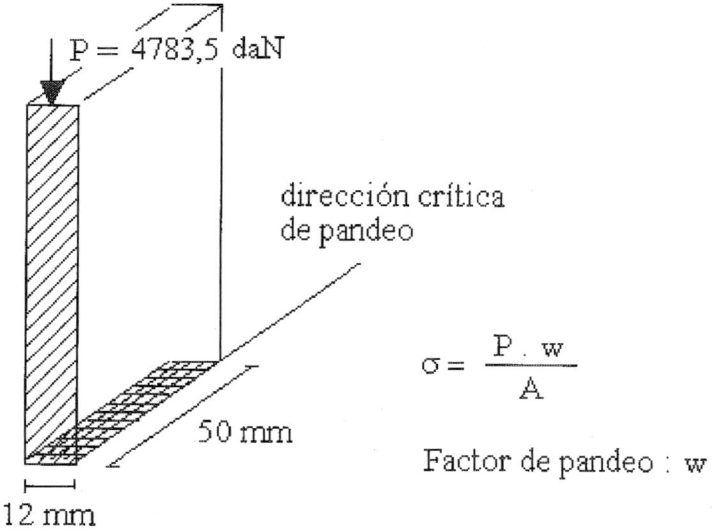

Figura BE 3.4.

$$I_{mín} = \frac{1}{12}\, b\, h^3 = \frac{1}{12}\, 50.12^3 = 7200 \text{ mm}^4$$

$$A = 12.50 = 600 \text{ mm}^2$$

$$\text{Radio de giro: } K = \sqrt{\frac{I_{mín}}{A}} = \sqrt{\frac{7200}{600}} = 3{,}46 \text{ mm}$$

Longitud crítica de pandeo:

$$L = \frac{D_1 - d_6}{2} - e = \frac{1000 - 400}{2} - 8 = 292 \text{ mm}$$

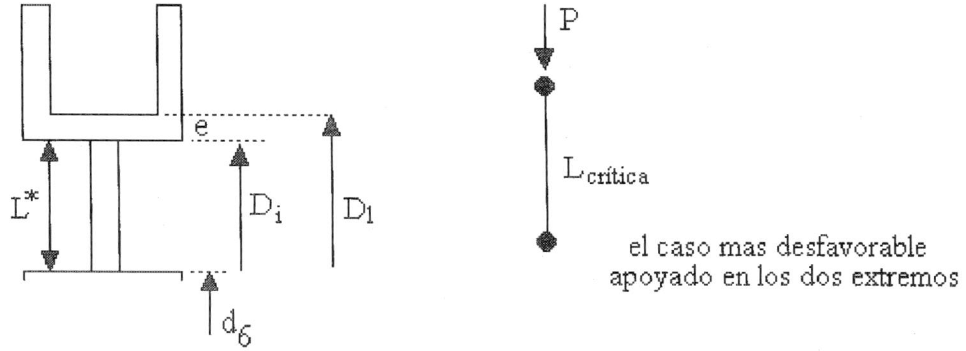

Figura BE 3.5.

Suponiendo el caso mas desfavorable de viga articulada - articulada: $L_{crit} = L = 292$ mm

$$\text{Esbeltez:} \qquad \lambda = \frac{Lcrit}{K} = \frac{292}{3{,}46} = 84{,}39$$

Con la esbeltez se entra en las tablas de pandeo y se busca el coeficiente w: w = 1,60

Una vez obtenido, se puede calcular la tensión de compresión para que no se produzca pandeo:

$$\sigma = \frac{P.w}{A} = \frac{4783{,}5\ .1{,}60}{600} = 12{,}75 \text{ daN/mm}^2 = 127{,}5 \text{ MPa}$$

Podemos ahora calcular el coeficiente de seguridad utilizando acero A-42 de 260 MPa.

$$C_S = \frac{260}{127{,}5} = 2{,}03$$

cuyo valor es aceptable, por ello el espesor de 8 mm es aceptado como válido al igual que la polea de 1000 mm de diámetro. Según la Tabla B 3.5., el peso aproximado de la polea es 210 daN.

EJERCICIO B 3.2

ENUNCIADO: Sea la polea del problema anterior. Dimensionar ésta y buscar la óptima configuración de número de radios.

SOLUCIÓN:

1. Cálculo de la llanta:

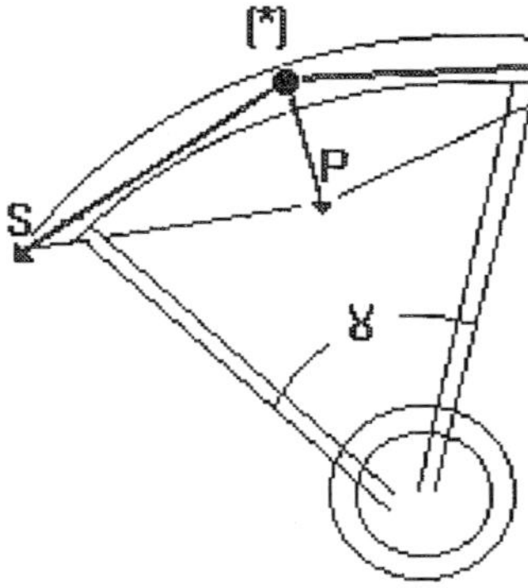

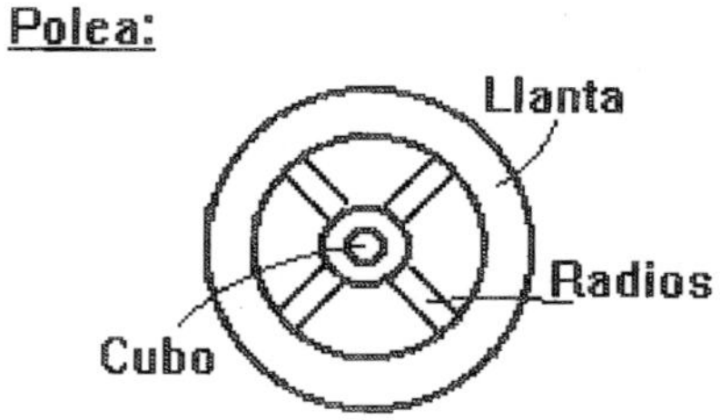

S = Tracción del cable

P = Fuerza de presión resultante

γ = Ángulo entre radios

(*) = Punto más desfavorable para el cálculo de la llanta de una polea de radios

Aproximación del cálculo:

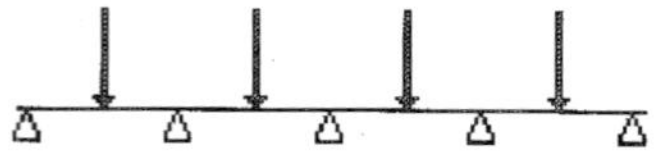

Sección de la llanta:

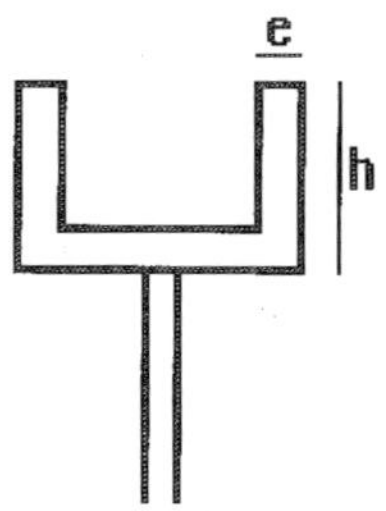

S : Esfuerzo por ramal

M_f : Momento flector producido

W : Módulo resistente de la sección

L : Longitud entre apoyos

γ : 360°/n° de radios

P : Carga resultante

A_C : Área de la cortadura

$$S = \frac{Q_T}{N^o\ ramales} = \frac{Q}{2} = \frac{12.570}{2} = 6.285 \quad daN$$

$$P = 2\ S\ sen\frac{\gamma}{2}$$

$$M_f = \frac{P \cdot l}{16} \quad \sigma_f = \frac{M_f}{W} \quad \tau_C = \frac{P}{A_C}$$

$$L = \frac{\pi \cdot D_1}{N^o\ radios}$$

De los datos anteriores:

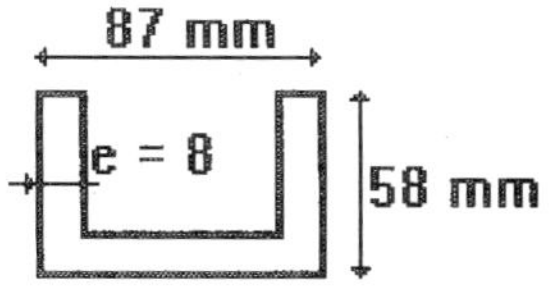

I= 475.357,8 mm^4

W = 12.457 mm^3

A_C = 928 mm^2

Al variar el N° de radios, varía la carga entre radios, la longitud de carga entre radios, así como el ángulo entre radios, obteniéndose diferentes valores de resistencia para la misma sección de la llanta. Las conclusiones se ven en la tabla siguiente:

N° radios	γ	P	L	M_f	σ_f	τ	σ_{equi}	Coef.Seguridad
8	45°	4.811	392,7	$1,18 \cdot 10^5$	9,47	2,59	10,47	2,48
6	60°	6.285	523,59	$2,05 \cdot 10^5$	16,45	3,385	17,46	1,48
4	90°	8.888,33	785,39	$4,36 \cdot 10^5$	35,02	6,67	36,56	0,7 < 1

Unidades: σ_f (daN/mm²) σ_{equi} (daN/mm²)
τ (daN/mm²) P (daN)
M_f (daN/mm²) γ (°)

Con respecto al diseño de 8 radios:

- El de 6 radios disminuye el material en un 25% y la resistencia en un 40%.
- El de 4 radios disminuye el material en un 50% y la resistencia en un 70%

Examinando ahora el espesor de los radios:

L: Longitud crítica
λ: Esbeltez
ω: Coeficiente de pandeo
K: Radio de giro

$$I_{min} = \frac{1}{12} bh^3$$

$$A = bh$$

$$L = \frac{D_1 - d_6}{2} - e$$

$$\lambda = \frac{L}{K} = \frac{L}{\sqrt{I_{min}/A}}$$

$$\sigma_P = \frac{P}{A} \cdot \omega$$

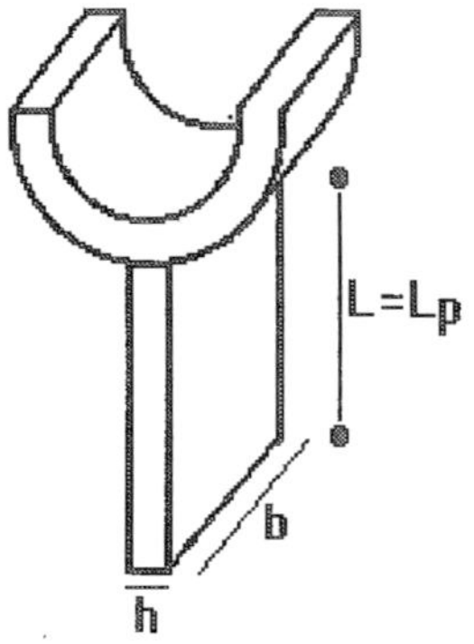

En la tabla siguiente se ven los resultados obtenidos:

Nº radios	h	b	$L_{MÍN}$	A	K	L	λ	ω	P	σ_P	Coef.Seg.
8	12	50	7.200	600	3,46	292	84,39	1,6	4.811	12,83	2,02
6	"	"	"	"	"	"	"	"	6.285	"	1,59
4	"	"	"	"	"	"	"	"	8.888	"	1,09
(a) 8	10	50	4.166	500	2,88	292	101,38	2,04	4.811	19,62	1,32
(a) 6	"	"	"	"	"	"	"	"	6.285	25,64	1,01
(a) 4	"	"	"	"	"	"	"	"	8.888	36,26	0,7
(b) 8	12	42	6.048	504	3,46	292	84,39	1,6	4.811	15,27	1,7
(b) 6	"	"	"	"	"	"	"	"	6.285	19,95	1,3
(b) 4	"	"	"	"	"	"	"	"	8.888	28,21	0,92

Unidades: I: mm^4 A: mm^2 K:mm
P: daN σ_p:daN/mm^2

En este caso, modificamos la sección del radio, disminuyendo en un 15% el material en los dos casos; caso (a) disminuyendo la altura de 12 a 10 y fijando la anchura en 50; caso (b) disminuyendo la anchura de 50 a 42 y fijando la altura a 12.

EJERCICIO B 4.1

ENUNCIADO: Una grúa de plataforma giratoria debe elevar 22000 daN de carga. Dimensionar un aparejo de traviesa simple de dos poleas de 160 mm. de anchura y diámetro interior 140 mm, con alojamiento de gancho doble central. Despreciar el peso del gancho. La traviesa es de material F-114.

Figura BE 4.1. Fotografía de plataforma giratoria.

SOLUCIÓN:

Los datos del problema son:

Q_u = 22.000 daN

Aparejo de dos poleas

Anchura de la polea = 160 mm

Diámetro interior = 140 mm

Alojamiento de gancho doble central

Despreciar el peso del gancho

Traviesa del material F-114

1. Dimensionamiento:

1º Se obtiene el gancho para saber el diámetro de la caña, de tal manera que podamos acotar el diámetro interior de la sección central de la traviesa, pues es un aparejo de alojamiento de gancho central. En este caso para 22.000 daN en la tabla B 1.1. encontramos que:

Gancho doble,   peso = 228 daN,   diámetro de caña = 100 mm

2º Sabiendo que la caña del gancho ocupa 100 mm dejamos casi otro tanto para dimensionar las paredes de la sección central. Suponemos una sección central de longitud 180 mm. Esta longitud suele ser la distancia que hay del eje central a la primera polea (en la figura BE 4.2. es la cota c) luego c = 180 mm.

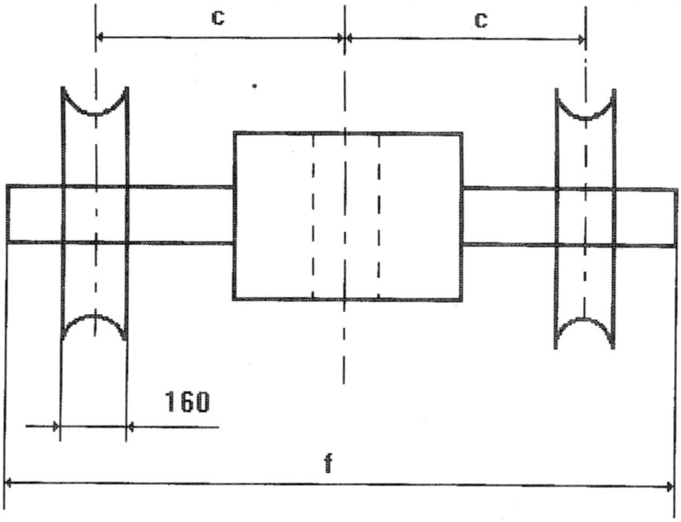

Figura BE 4.2.

3º. Con estas dos cotas, se compone el aparejo, hallando las restantes por diferencia, sabiendo que entre la sección central y las poleas o entre poleas se dejan 10 mm por montaje, y que en la parte final de la traviesa se dejan 5 mm de terminación. De la figura BE 4.3. se deducen las cotas.

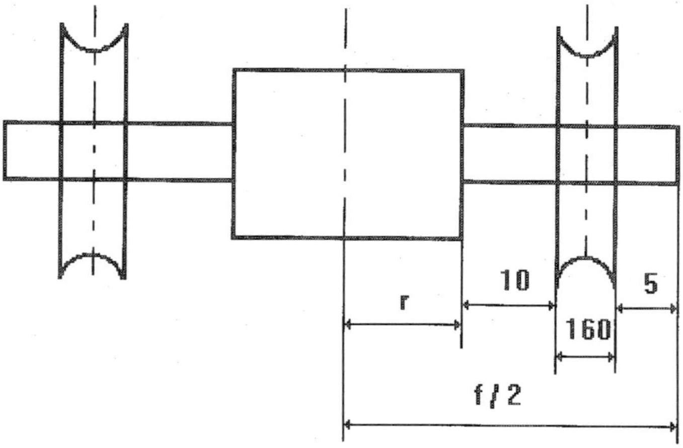

Figura BE 4.3.

$f / 2 = 180/2 + 10 + 160 + 5 = 265$ mm $\Rightarrow f = 530$ mm

2. Cálculo resistente:

1º. Comprobación a cortadura de la sección mas débil: en este caso el eje cuyo diámetro, es de la misma dimensión que el diámetro interior de la polea d = 140 mm.

Q_u = 22.000 daN $\qquad$ $A = \pi \cdot (d / 2)^2 = \pi \cdot 70^2$

$$\tau = \frac{Q_u / 2}{A} = \frac{11.000}{\pi \cdot 70^2} = 0{,}71 \text{ daN/mm}^2 = 7{,}1 \text{ MPa}$$

$\sigma_{\text{límite elástico}}$ (F-114) = 700 MPa >>> 7,1 MPa $\Longrightarrow$ el diámetro es válido

2º. Comprobación a flexión y cortadura. El esquema de cargas así como el de los diagramas de momentos flectores y de cortantes se muestra en la Figura BE 4.4. También se muestra los dos puntos críticos de la traviesa.

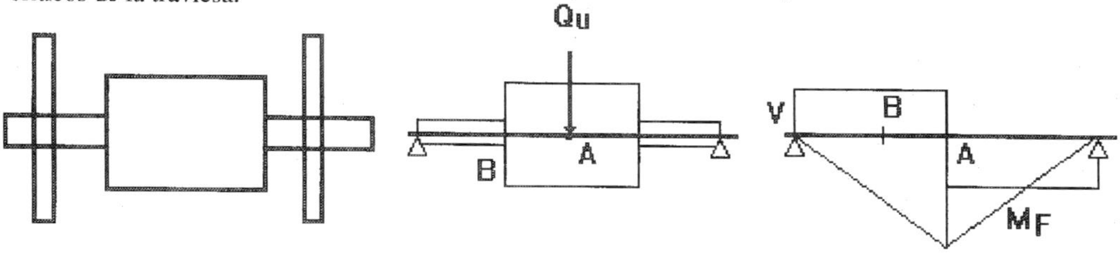

Figura BE 4.4.

Hay que comprobar la tensión en dos puntos:

A: El de mayor momento flector

B: El de cambio de sección

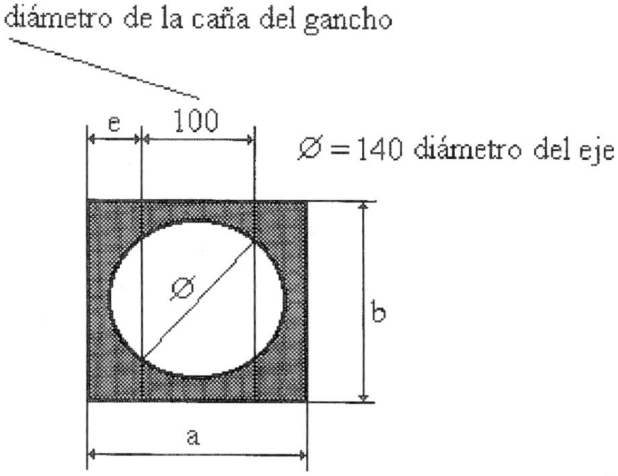

Figura BE 4.5.

La sección central debe cumplir ciertos requerimientos. Las dimensiones a debe ser igual a la b, y mayor que el diámetro del eje, que es el mismo que el diámetro interior de las poleas (en este caso 140 mm) ó mayor que el diámetro de caña del gancho (en este caso 100 mm).

$a = b > 140$ mm ó $a = b > 100$ mm

Tomando $a = b = 150$ mm, entonces: $e = (150\text{-}100)/2 = 25$ mm

$A_A = 2 \cdot b \cdot e = 2 \cdot 150 \cdot 25 = 7500 \text{ mm}^2$

$A_B = \pi \cdot (d / 2)^2 = \pi \cdot 70^2 = 15.393{,}8 \text{ mm}^2$

$$W_A = \frac{\frac{1}{12} \cdot e \cdot b^3 \cdot 2}{b/2} = \frac{\frac{1}{12} \cdot 25 \cdot (150)^3 \cdot 2}{150/2} = 187.500 \text{ mm}^3$$

$$W_B = \frac{\pi \cdot d^3}{32} = \frac{\pi \cdot 140^3}{32} = 269.391{,}5 \text{ mm}^3$$

$$M_A = \frac{Q_u}{2} \cdot \left(\frac{530}{2} - 5 - \frac{160}{2} \right) = 1{,}9810^6 \text{ daN mm}$$

$$M_B = \frac{Q_u}{2} \cdot \left(10 + \frac{160}{2} \right) = 9{,}9 \cdot 10^5 \text{ daN mm}$$

$$\sigma_A = \frac{M_A}{W_A} = 10{,}56 \text{ daN / mm}^2 = 105{,}6 \text{ MPa}$$

$$\tau_A = \frac{Q_u / 2}{A_A} = 1{,}46 \text{ daN / mm}^2 = 14{,}6 \text{ MPa}$$

$$\sigma_B = \frac{M_B}{W_B} = 3{,}67 \text{ daN / mm}^2 = 36{,}7 \text{ MPa}$$

$$\tau_B = \frac{Q_u / 2}{A_B} = 0{,}71 \text{ daN / mm}^2 = 7{,}1 \text{ MPa}$$

$$\sigma_{equivalente} = \sqrt{\sigma^2 + 3 \cdot \tau^2}$$

$\sigma_{equiv, A} = 108{,}58$ MPa

$\sigma_{equiv. B} = 38{,}7$ MPa

EJERCICIO B 4.2

ENUNCIADO: Calcular el aparejo de poleas continuas que consta de seis poleas de 160 mm de anchura y 140 mm de diámetro interior, sabiendo que va a soportar una carga útil de 24.000 daN. Dimensionar asimismo el eje de dicho aparejo. Despreciar el peso del elemento de suspensión.

SOLUCIÓN:

Sea un aparejo de 6 poleas de 160 mm de anchura y 140 mm de diámetro interior. Para una carga de 24.000 daN, dimensionamos el eje como se indica en la figura BE 4.6.

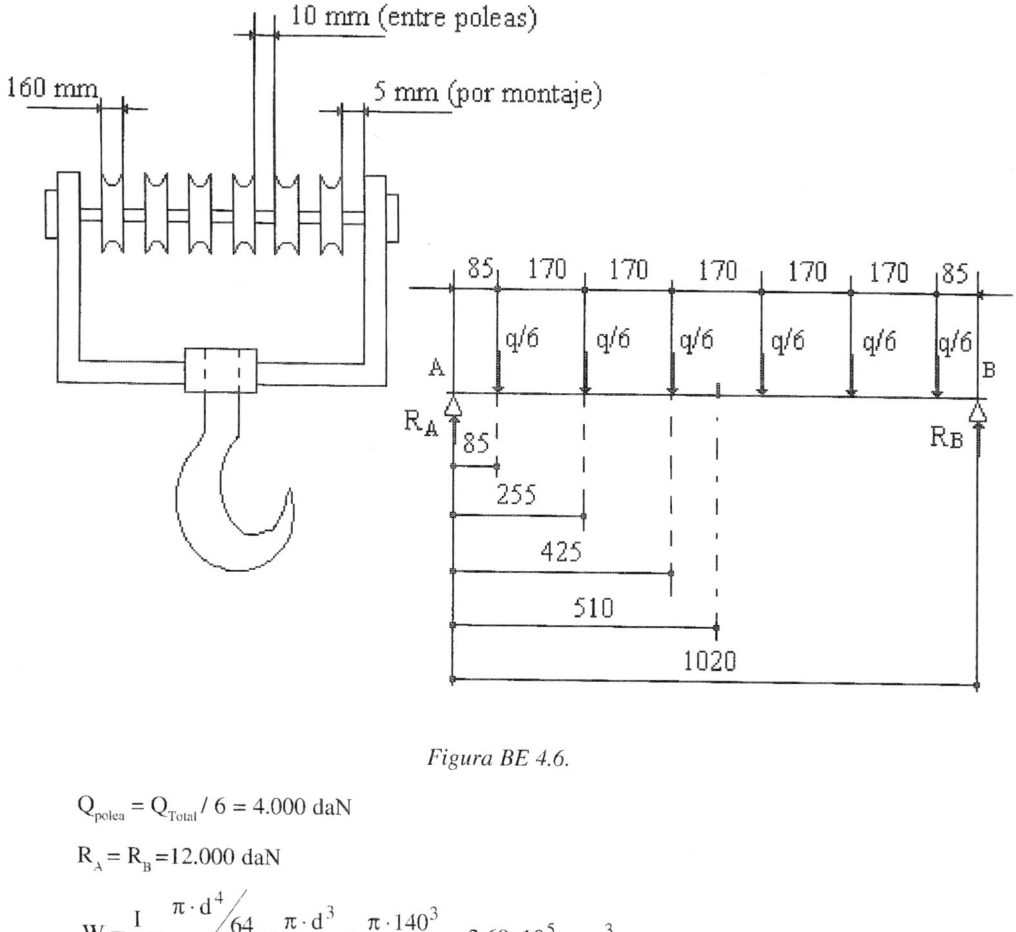

Figura BE 4.6.

$Q_{polea} = Q_{Total} / 6 = 4.000$ daN

$R_A = R_B = 12.000$ daN

$$W = \frac{I}{r} = \frac{\pi \cdot d^4 / 64}{d/2} = \frac{\pi \cdot d^3}{32} = \frac{\pi \cdot 140^3}{32} = 2{,}69 \cdot 10^5 \ \text{mm}^3$$

$$A_c = \pi \cdot r^2 = \pi \cdot 70^2 = 15.393{,}8 \ \text{mm}^2$$

El momento flector máximo se produce en la mitad del eje (Pto. C) $\Longrightarrow$

$M_c = R_A \cdot 510 - Q_{Total}/6 \cdot (510 - 425) - Q_{Total}/6 \cdot (510 - 255) - Q_{Total}/6 \cdot (510 - 85) =$

$= 6.120.000 - 340.000 - 1.020.000 - 1.700.000 = 3.060.000$ daN·m

$M_{máx} = 3.060.000$ daN· m

El cortante máximo se produce en A o en B $\Longrightarrow$

$V_{máx} = Q_{Total}/2 = R_A = R_B = 12.000$ daN·m

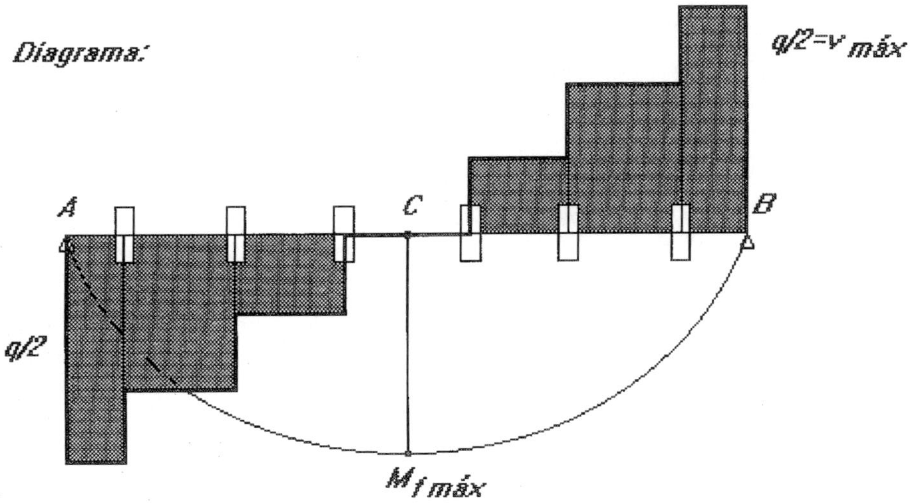

Figura BE 4.7..

Punto C $\Longrightarrow$

$$\sigma_t = \frac{M_t}{W} = \frac{3{,}06 \cdot 10^6 \text{ daN} \cdot \text{mm}}{2{,}69 \cdot 10^5 \text{ mm}^3} = 11{,}37 \; \frac{\text{daN}}{\text{mm}^2} = 113{,}7 \text{ MPa}$$

$\tau_c = 0$

$$\sigma_{eq} = \sqrt{\sigma_f + 3\,\tau_c^{\,2}} = \sigma_t = 113{,}7 \text{ MPa}$$

Punto A$\Longrightarrow$

$\sigma_f = 0$

$$\tau_c = \frac{Q_{total}/2}{A_c} = \frac{12.000 \text{ daN}}{15.393{,}8 \text{ mm}^2} = 0{,}78 \; \frac{\text{daN}}{\text{mm}^2} = 7{,}8 \text{ MPa}$$

$$\sigma_{eq.} = \sqrt{\sigma_f^{\,2} + 3\,\tau_c^{\,2}} = \sqrt{3} \bullet \tau_c = 13{,}5 \text{ MPa}$$

ESQUEMA DE APAREJOS DE DIVERSOS APARATOS DE ELEVACION

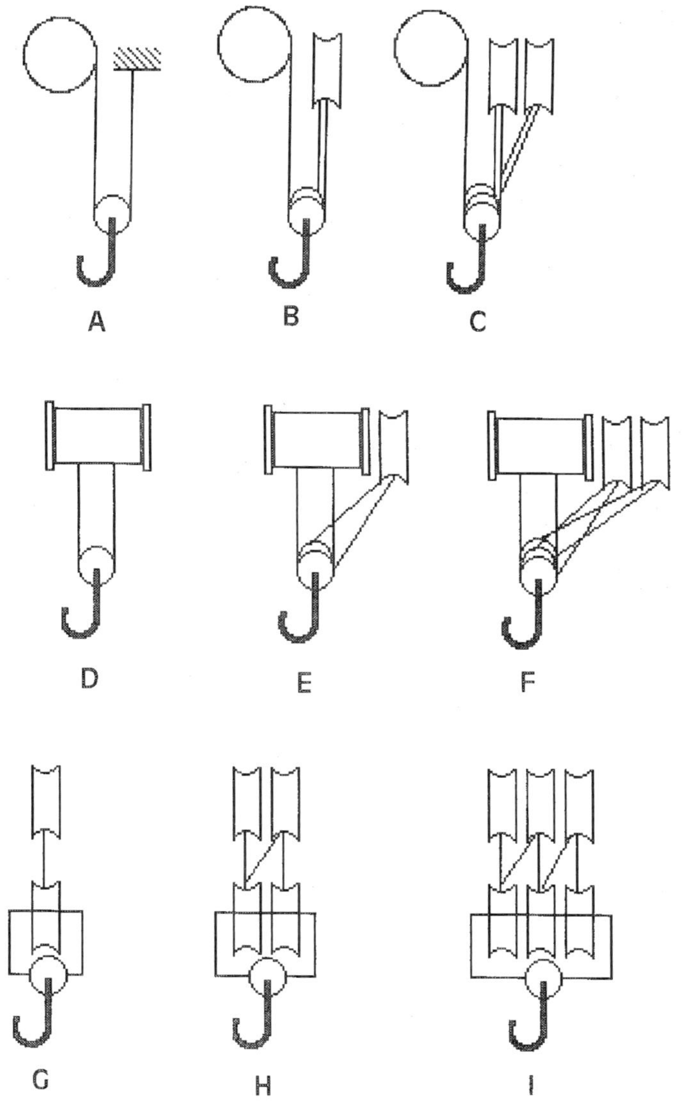

A) GRUAS TORRE

B-F) PUENTES GRUA / GRUAS PORTICO / GRUAS CONSOLA / GRUAS GIRATORIAS DE COLUMNA / GRUAS PORTACONTENEDORES

G-I) GRUAS DE PLATAFORMA GIRATORIA / VEHICULOS GRUA

EJERCICIO B 5.1

ENUNCIADO: El puente grúa de la figura BE 5.1. tiene un tambor de doble ramal y debe elevar una carga peligrosa total de 3000 daN. El cable antigiratorio, tiene una resistencia de 180 Kg/mm². El aparato posee una Frecuencia aproximada igual de cargas pequeñas, medianas y máximas, y se le estima una duración del mecanismo de 12500 horas. Tomar acero de $\sigma = 160$ MPa para el cálculo del tambor. No considerar el peso del elemento de suspensión.

Figura BE 5.1. Fotografía de dos puentes grúa con carro giratorio.

SOLUCIÓN: Se va a suponer un aparejo de una polea y dos ramales.

1. Cálculo del cable:

Grupo M7 $\Rightarrow K_C = 0{,}375$

2 ramales $\Rightarrow i = 2 \Rightarrow \eta = 0{,}99$

$$S = \frac{3000}{2 \cdot 0{,}99} = 1515{,}15 \text{ daN}$$

$d_{cable} = K_C \sqrt{S} = 0{,}375 \sqrt{1515{,}15} = 14{,}59$ mm

Tomamos

$d_{cable} = 16$ mm (Tabla B 5.4.)

Suponiendo $\alpha_m < 22{,}5°$ y $Fa < 10\%\ Q_T$

De la Tabla B 5.4.: $s = 18$ mm

para $d_{cable} = 16$ mm $r = 9$ mm

$a = 2$ mm

2. Cálculo del tambor

Suponemos un tambor acanalado, de una sola capa y de doble ramal:

Tabla B 2.17. ⇒ Grupo M7

Tabla B 3.8.: $h_1 = 25$. Figura B 3.12.: $h_2 = 1$

$d_{tambor} = d_{cable} \cdot h_1 \cdot h_2 = 16 \cdot 25 \cdot 1 = 400$ mm

Para $d_{tambor} = 400$ mm. y $S = 1515{,}15 \approx 2000$ daN Tabla B 5.6.: espesor h = 6 mm

Suponiendo la altura de elevación de 6 metros, la longitud del tambor se calculará:

Longitud del cable = altura de elevación . nº de ramales = 6000 . 2 = 12.000 mm

Longitud de una espira = $\pi . d_{tambor} = \pi . 400 = 1256{,}63$ mm

Se consideran dos espiras muertas, para que el cable no se desenrolle del tambor.

$$\text{nº de espiras} = \frac{\text{Longitud del cable a enrollar}}{\text{Longitud de una espira}} + \text{nº espiras muertas}$$

$$\text{nº espiras} = \left(\frac{6000}{1256{,}63} + 2 \right) . 2 \approx 14 \text{ espiras}$$

Longitud del tambor = nº de espiras . paso

$L_{tambor} = 14.18 = 252$ mm Tomamos $L_{tambor} \approx 260$ mm

3. Cálculo del eje del tambor

Suponemos un eje de diámetro $\varnothing_e = 100$ mm

La longitud del eje a cada lado del tambor se estima aproximadamente que vale = 20 mm.

Con lo que la longitud total es: $L_e = 300$ mm (260 + 20 . 2)

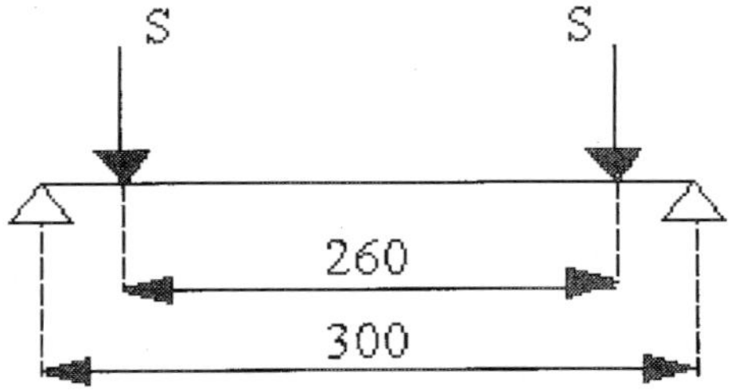

Figura BE 5.2. Esquema de cargas en el eje..

$M_f = S \cdot 20 = 30.303$ daN.mm $\qquad V = S = 1515{,}15$ daN

$$\sigma_f = \frac{M_f}{W} \qquad \tau = \frac{V}{A}$$

$$W = \frac{\pi\, d^3}{32} = \frac{\pi.100^3}{32} = 98.174 \text{ mm}^3 \qquad A = \frac{\pi\, d^2}{4} = \frac{\pi.100^2}{4} = 7853{,}9 \text{ mm}$$

$$\sigma_f = \frac{30.303}{98174} = 0{,}3 \text{ daN/mm}^2 \qquad \tau = \frac{S}{\pi\, d^2 / 4} = 0{,}19 \text{ daN/mm}^2$$

$$\sigma_{eq} = \sqrt{0{,}3^2 + 3 \cdot 0{,}19^2} = 0{,}45 \text{ daN/mm}^2 = 4{,}5 \text{ MPa inferior a 700 MPa (F-114)}$$

Podría reducirse $\varnothing_e$ = 100 mm, ya que es un valor sobredimensionado.

4.- Cálculo de la pared del tambor

Primero se calcula el 10% de la solicitación por ramal que le llega:

$$H = \frac{10}{100} \cdot S = \frac{10}{100}\, 1515{,}15 = 151{,}515 \text{ daN}$$

Estimamos W = 6 mm (≈ del mismo orden que h) espesor del costado

D_M = 100 mm (diámetro del cubo, el mismo que el del eje)

$D = d_{tambor}$ = 400 mm (diámetro del tambor)

$$\sigma_f = 14{,}4 \left(1 - \frac{2}{3}\frac{D_M}{D}\right) \frac{H}{W^2} = 50{,}5 \text{ MPa.}$$ Al ser inferior a 100 MPa, se considera aceptable.

EJERCICIO B 5.2

ENUNCIADO: Dimensionar el carro abierto de la figura BE 5.3. que pertenece a un puente grúa que eleva 20.000 daN a una altura máxima de 10 metros. Utilizar las tablas de tambores, de tensión de trabajo de 160 MPa. El aparato posee una Frecuencia aproximada igual de cargas pequeñas, medianas y máximas, y se le estima una duración del mecanismo de 12.500 horas. El cable tiene una resistencia de 180 Kg/mm². Espacio máximo disponible para el tambor; 2 metros.

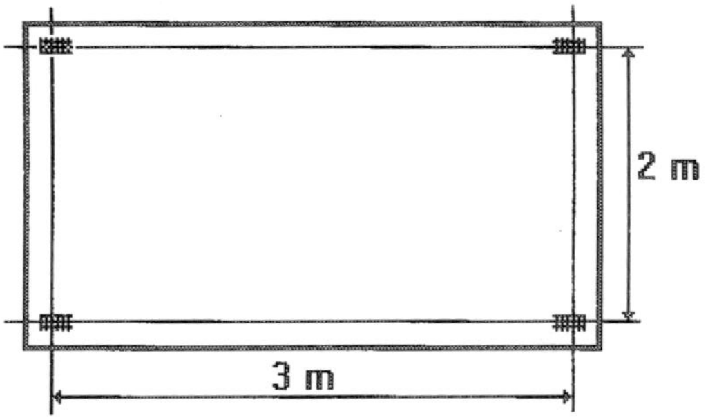

Figura BE 5.3. Dimensiones principales del carro abierto.

SOLUCIÓN:

1.Gancho: (Tabla B 1.1.) $Q_{gancho} = 160$ daN

$Q_{TOTAL} = Q_{útil} + Q_{gancho} = 20.000 + 130 = 20.160$ daN

2.Cable:

Clasificación del aparato Tabla B 2.17. ⟹ Grupo M7 ⟹ $K_C = 0{,}335$ (Tabla B 2.18.)

$$S = \frac{Q_u + Q_g}{i\,\eta} = \frac{20.000 + 160}{2\;.\;0{,}99} = 10.181{,}8 \text{ daN}$$

$d_{cable} = K_C \cdot \sqrt{S} = 0{,}335 \bullet \sqrt{10.181{,}8} = 33{,}8$ mm

(Aparejo con 2 ramales)

diámetro de cable según tambores: (Tabla B 5.4.)⟹ $d_{cable} = 40$ mm ⟹ s = 45 ; r = 22 ; a = 5

3. Polea:

Tabla B 3.8. ⟹ $h_1 = 25$

Figura B 3.12. ⟹ $h_2 = 1$

$d_{polea} = d_{cable} \cdot h_1 \cdot h_2 = 40 \cdot 25 \cdot 1 = 1000$ mm

3.Tambor:

Tabla B 3.8. $\Longrightarrow h_1 = 22{,}4$

Figura B 3.12. $\Longrightarrow h_2 = 1$

$d_{tambor} = d_{cable} \cdot h_1 \cdot h_2 = 40 \cdot 22{,}4 \cdot 1 = 896$ mm

Con $S = 10.181{,}8$ daN y $d_{tambor} = 900$ mm (Tabla B 5.6.)$\Longrightarrow$ h = 13 mm espesor de pared

Altura = 10 metros

Pero como son dos ramales, la longitud de cable a enrollar es = 2 x 10 = 20 m = 20.000 mm

$$\text{N° de Espiras} = \frac{\text{Longitud cable}}{2\pi \cdot r} = \frac{L}{\pi \cdot D} = \frac{20.000}{\pi \cdot 900} = 7{,}07 \approx 8$$

N° total de espiras = N° de Espiras + N° espiras muertas = 8 + 3 = 11 espiras

Longitud mínima del tambor = N° de espiras . paso = 11· 45 = 495 mm

Longitud del tambor = Longitud mínima + $\varnothing_{POLEA}$ = 495 + 1.000 = 1495 mm ≈ 2000 mm

Cálculo del peso del tambor: Cálculo de la superficie cilíndrica.

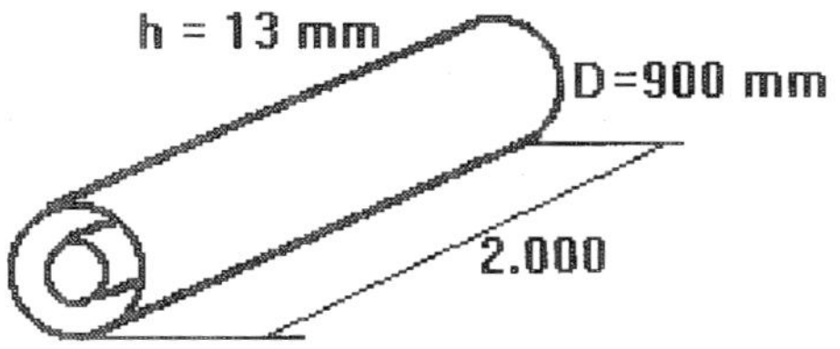

Figura BE 5.4. Dimensiones tambor.

$$\rho_{ACERO} = 7{,}8 \ \mathrm{Kg/dm^3}$$

$$\left.\begin{aligned} \text{Volumen}_{EXTERIOR} &= \pi \cdot (R_{EXT})^2 \cdot 1 = \left(\frac{900}{2}\right)^2 \cdot \pi \cdot 2.000 = 1.270 \quad dm^3 \\ \text{Volumen}_{INTERIOR} &= \pi \cdot (R_{INT})^2 \cdot 1 = \left(\frac{900}{2} - 13\right)^2 \cdot \pi \cdot 2.000 = 1.200 \quad dm^3 \end{aligned}\right\} \Rightarrow$$

$$\Rightarrow \text{Volumen}_{TOTAL} = V_{EXT} - V_{INT} = 70 \quad dm^3$$

Peso del tambor = $\rho \cdot V_T$ = 7,8 Kg / dm³ · 70 dm³ = 546 daN

Sujeciones del tambor = 10% del peso del tambor = 54,6 daN

Peso total = 546 + 54,6 ≈ 600 daN

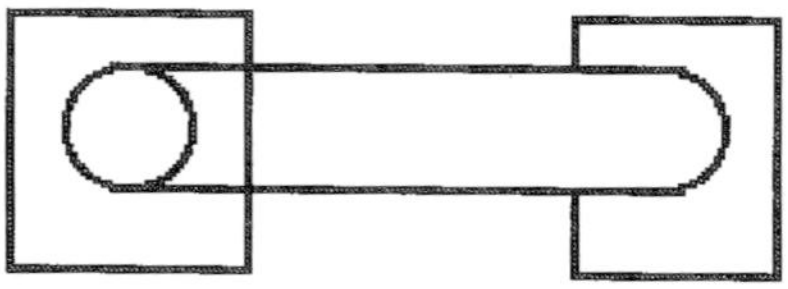

Figura BE 5.5.

Figura BE 5.6.

5. Dimensionado de las vigas principales de la estructura del carro:

$Q_2 = Q_{TAMBOR}/2 = 600/2 = 300$ daN

$Q_1 = Q_{TAMBOR}/2 + Q_{ÚTIL} + Q_{GANCHO} = 600/2 + 20.000 + 160 = 20.460$ daN

Suponemos vigas cajón de A-42 de $\sigma_{lim} = 26$ daN/mm² con $C_s = 2 \Rightarrow \sigma = 13$ daN/mm²

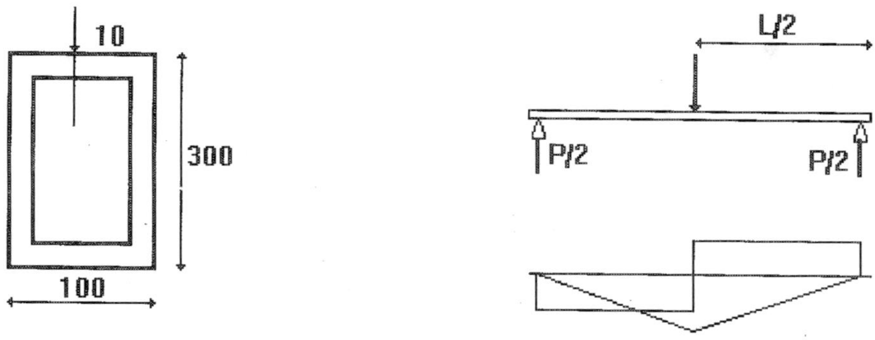

Figura BE 5.7.Sección, esquema de carga y diagramas de esfuerzos.

$$W = \frac{I}{y_{max}} = \frac{\frac{1}{12}\cdot b\cdot h^3}{h/2} = \frac{1}{6}\cdot b\cdot h^2$$

$$W = \left[\frac{b_e - h_e^2}{6} - \frac{b_i - (h_i^3 / h_e)}{6}\right] = \left[\frac{100\cdot 300^2}{6} - \frac{80\cdot(280^3/300)}{6}\right] = 524.355{,}5 \text{ mm}^3$$

$$M_f = \frac{P\cdot L}{4} = \frac{20.460\cdot 3.000}{4} = 15.345.000 \quad \text{daN}\cdot\text{mm}$$

$$\sigma_{eq} = \frac{M_f}{W} = \frac{15.345.000}{524.355{,}5} = 29{,}26 \quad \text{daN}/\text{mm}^2$$

$\sigma_{eq} > \sigma_{lim} \Rightarrow$ hay que aumentar W. Para ello se aumenta el perfil:

$$W = \left[\frac{200 \cdot 400^2}{6} - \frac{176 \cdot 376^2}{6} \right] = 1.435.125 \quad mm^3$$

$$\sigma_f = \frac{M_f}{W} = \frac{15.345.000}{1.435.125} = 10,69 \quad daN/mm^2$$

$$\tau = \frac{P/2}{A_C} = \frac{20.460/2}{400 \cdot 12 \cdot 2} = 1,065 \quad daN/mm^2$$

$$\sigma_{eq} = \sqrt{\sigma^2 + 3 \cdot \tau^2} = 10,84 \quad daN/mm^2$$

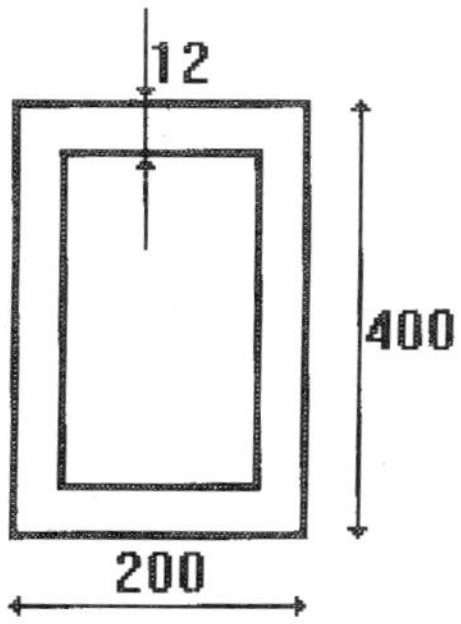

6. Cálculo de las vigas testero:

Deben poseer la misma altura que las otras por fabricación. En el caso más desfavorable no influye el peso del tambor

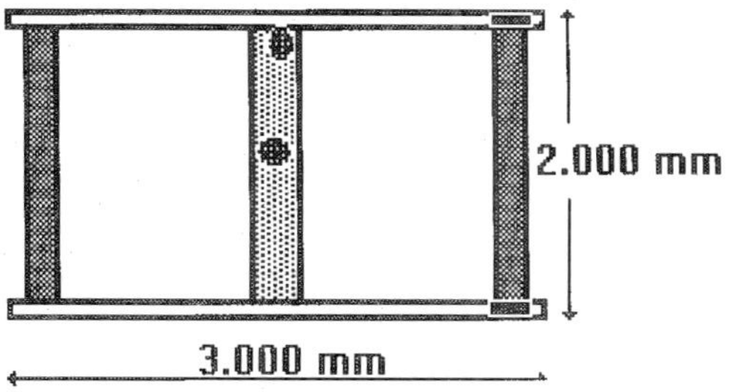

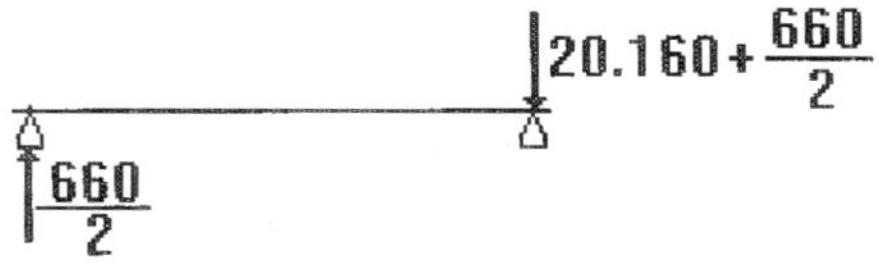

1)

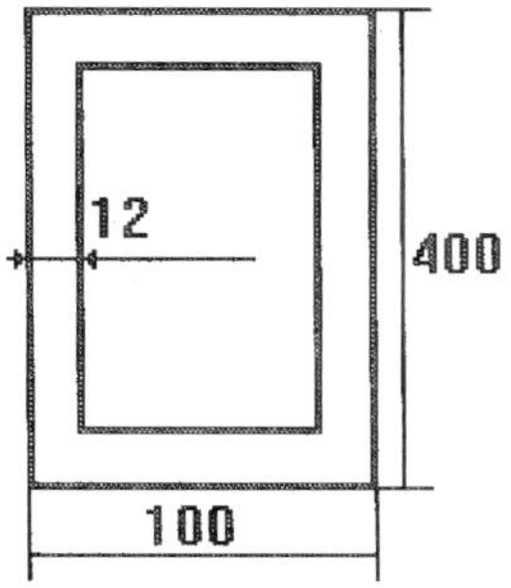

$$\tau = \frac{20.160}{2 \cdot 400 \cdot 12} = \frac{20.160}{9.600} = 2,1 \quad daN/mm^2$$

$$\sigma_{eq} = \sqrt{3} \cdot 2,1 = 3,6 < 13 \quad daN/mm^2$$

2)

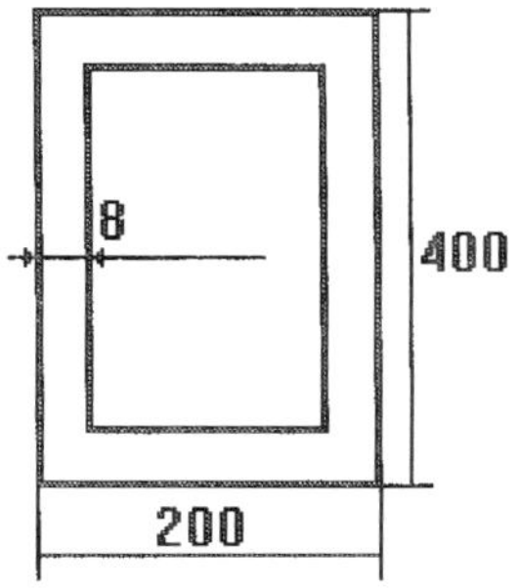

$$\tau = \frac{Q}{A_C} = \frac{20.160}{8 \cdot 400 \cdot 2} = 3,15 \quad daN/mm^2$$

$$\sigma_{eq} = \sqrt{\sigma^2 + 3\tau^2} = \sqrt{3}\tau = \sqrt{3} \cdot 3,15 = 5,45 \quad daN/mm^2$$

$$5,45\, daN/mm^2 < 13\, daN/mm^2$$

Peso total de la estructura: 663,5 + 123,904 = 787,4 Kg

- Peso de las vigas principales:

$P = (400 \cdot 2 \cdot 12 + 176 \cdot 2 \cdot 12) \cdot 3.000 \cdot 8 \cdot 10^{-3} = 331,7 \cdot 2 = 663,5$

- Peso de los testeros

Peso 1) $= [\ (400 \cdot 2 \cdot 12) + (176 \cdot 2 \cdot 12)\ ] \cdot 8 \cdot 10^{-6} \cdot 2000 = 221,18$ Kg

Peso 2) $= [\ (400 \cdot 2 \cdot 8) + (84 \cdot 2 \cdot 8)\ ] \cdot 8 \cdot 10^{-6} \cdot 2000 = 123,904$ Kg

$\Rightarrow$ Hay un 44% de peso de menos en el segundo perfil.

EJERCICIO B 6.1.

ENUNCIADO: Un puente grúa debe elevar 6000 daN de carga útil y tiene un peso propio de 4000 daN. Peso del carro más elemento de suspensión: 1000 daN. Calcular carril de rodadura del puente grúa si la distancia entre postes de apoyo del carril es 2.5 m.

Figura BE 6.1. Fotografía del puente grúa.

SOLUCIÓN:

Se va a suponer una viga biapoyada (distancia entre apoyos 2,5 m) y cargada puntualmente en el centro. Se va a suponer de entrada un perfil Burbach A-120:

Valor de la carga puntual: $6000 + 1000 + \frac{4000}{2} = 9000$ daN = 90000 N

Valor de la inercia: 1420×10^{-8} m^4

Valor del módulo elástico: 210 GPa

$$f = \frac{90000\ N \cdot (2{,}5\ m)^3}{48 \cdot 210 \cdot 10^9 \frac{N}{m^2} \cdot 1420 \times 10^{-8}\ m^4} = 0{,}0098\ m$$

$$f_{admisible} = \frac{L}{250} = \frac{2{,}5}{250} = 0{,}01\ m, \text{ luego el carril es adecuado.}$$

Si no lo fuera, como es el mayor normalizado habría que diseñar como carril un llantón sobre un perfil laminado o viga cajón.

EJERCICIO B 6.2.

Enunciado: Una grúa portacontenedores tiene un paquete de rodadura múltiple, de forma que la carga por rueda es 120000 N. Calcular el carril sobre la fundación de hormigón.

Figura BE 6.2. Fotografía de la grúa portacontenedores.

SOLUCIÓN: Se va a adoptar el perfil Burbach A-100 de características:

$b = 0.2\ m$

$I = 888.10^{-8}\ m^4$

$W = 170 \cdot 10^{-6}\ m^3$

Los módulos elásticos son de valor:

$Em = 14\ GPa$

$E = 210\ GPa$

$P_{adm} = 2\ MPa$

$\sigma_{adm} = 250\ MPa$

$$p = \frac{120000}{2 \cdot 0.2} \sqrt[4]{\frac{14 \cdot 10^9}{4 \cdot 210 \cdot 10^9 \cdot 888 \cdot 10^{-8}}} = 1{,}974 \text{ MPa} < 2 \text{ MPa}$$

$$\eta = \sqrt[4]{\frac{2}{3} \cdot \frac{0{,}2^2 \cdot 1{,}974 \cdot 10^6 \cdot 14\ 10^9}{210 \cdot 10^9 \cdot 888 \cdot 10^{-8}}} = 141 \text{ N}^{1/4}\text{/m},$$

luego,

$$\sigma = \frac{0{,}5 \cdot 120000^{5/4}}{170 \cdot 10^{-6} \cdot 141} = 46{,}6 \text{ MPa} < 250 \text{ MPa}$$

EJERCICIO B 6.3.

ENUNCIADO: Calcular los carriles del puente grúa de la figura que levanta 5000 daN . El cable tiene una resistencia de 180 Kg/mm². El aparato posee una Frecuencia aproximada igual de cargas pequeñas, medianas y máximas, y se le estima una duración del mecanismo de 12500 horas. Suponer; Peso del puente 1.000 daN; Peso del carro ≈ 0; 1 ramal; Carga centrada en el tambor; 4 ruedas en el puente; σ = 160 MPa; para tambor; ¿Cual es la carga por rueda?, ¿Se puede utilizar sólo un perfil tipo Burbach 120?

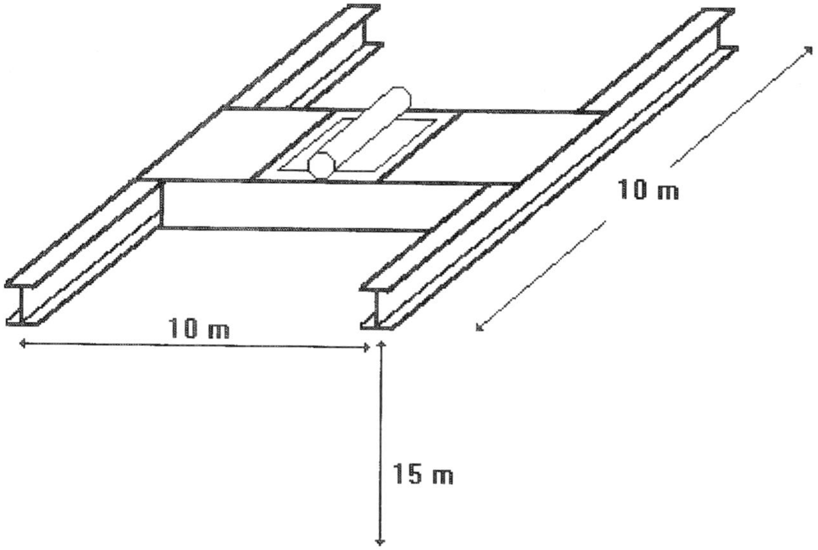

Figura BE 6.3. Esquema del puente.

SOLUCIÓN:

1.Gancho:

(Tabla B 1.1.)

5.000 daN → 20 daN

$Q_{TOTAL} = Q_U + Q_g = 5.000 + 20 = 5.020$ daN

2.Cable:

El esfuerzo principal es de estrepada por lo que se necesita un cable resistente (Tipo Seale); no es necesario que sea flexible pues no hay poleas.

Clasificación del aparato: Grupo M7 $\Longrightarrow$ (Tabla B 2.17.) $K_c = 0{,}335$

$$S = \frac{Q_u + Q_{es}}{i \cdot \eta} = \frac{5.000 + 20}{1 \cdot 1} = 5020 \text{ daN}$$

$d_{CABLE} = K_C \sqrt{S} = 0{,}335\sqrt{5.020} = 23{,}73$ mm $\Longrightarrow$ Cables recomendados (Tabla B 5.4.)

$d_{CABLE} = 27$ mm $\Longrightarrow$ s = 31; r = 15; a = 3,5

(Tabla B 2.10.); grupo segundo de 10 a 30 mm $\Longrightarrow$ 6 x 36 (1 + 7 +7·7 + 14) WS + 1

3. Tambor:

Grupo M7

(Tabla B 3.8.) $\Longrightarrow h_1 = 22{,}4$

(Figura B 3.12.) $\Longrightarrow h_2 = 1$

$d_{TAMBOR} = d_{CABLE} \cdot h_1 \cdot h_2 = 27 \,.\, 22{,}4 \,.\, 1 \approx 600$ mm

Tomando $\sigma = 160$ MPa (Tabla B 5.6.) y $d_{TAMBOR} = 600$; S = 6.000 $\Longrightarrow$ Espesor pared = 10 mm

Longitud del tambor:

Altura de elevación = 15 m = 15.000 mm

$$\text{N° de espiras} = \frac{\text{Long. Cable}}{2\pi \cdot R} = \frac{L}{\pi \cdot d_{tambor}} = \frac{15.000}{\pi \cdot 600} = 7{,}9 \approx 8 \text{ espirass.}$$

Longitud mínima tambor = N° de espiras . paso = (8 + 3)·31 = 11·31 = 341 mm

4. Ruedas del puente:

Suponemos Peso del carro ≈ 0 y Peso del puente = 1.000 daN

Peso de la carga = 5.020 daN

Calculamos la carga por rueda:

$$Q_R = \frac{1.000 + 5.020}{4} = \frac{6.020}{4} = 1.505 \text{ daN, FALSO, no es el caso mas desfavorable}$$

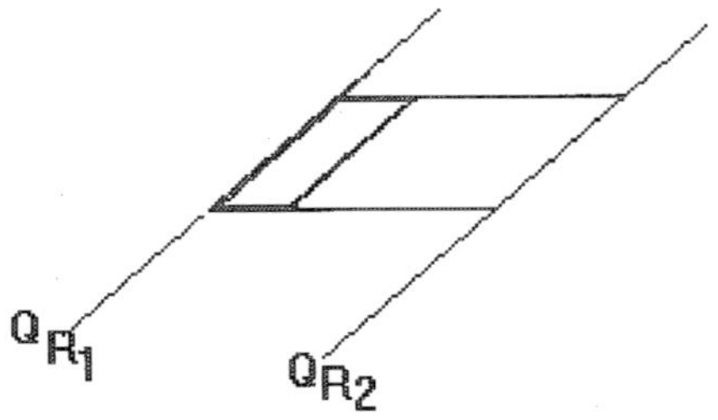

El caso mas desfavorable ocurre cuando el carro está en un extremo del puente.

Q_{R1} = Peso del puente/2 + Peso de la carga

Q_{R2} = Peso del puente/2

Carga centrada en tambor: $Q_R = \frac{\text{Peso Puente}}{4} + \frac{\text{Peso Carga}}{2}$

$$Q_R = \frac{1.000}{4} + \frac{5.020}{2} = 250 \text{ daN} + 2.510 \text{ daN} = 2.760 \text{ daN}$$

5.Carril:

Usar Burbach 120 (Tabla B 6.2.)

A-120 → $J_X = 1.420 \text{ cm}^4$

$W_X = 249 \text{ cm}^3$

$A = 129 \text{ cm}^2$

$K - 2r_1 = 100 \text{ mm}$

Comprobamos primero la flecha, suponemos el puente sobre el rail elevado como una viga biapoyada de longitud L con una carga en el centro P (caso mas desfavorable a flexión).

$$\delta = \frac{PL^3}{48EI}$$

$$P = Q_{UTIL} + \frac{Q_{PUENTE}}{2} = 5.020 + \frac{1.000}{2} = 5.520 \quad \text{daN}$$

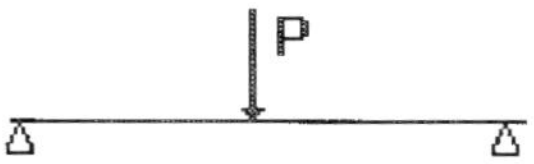

$$\delta = \frac{55.200 \cdot 10^3}{48 \cdot 210 \cdot 10^9 \cdot 1.420 \cdot 10^{-8}} = 0,38 \quad \text{m}$$

flecha admisible: $\frac{L(mm)}{1.000} = \frac{10.000}{1.000} = 10$ mm como máximo

No se puede, por lo tanto la solución es poner un perfil de mayor inercia (ej. IPE)

EJERCICIO B 7.1

ENUNCIADO: Una grúa pórtico tiene 2 vigas principales. Altura = 5 m. Luz = 10 m. Q_u = 35000 daN. Gancho doble (150 daN). Velocidad traslación carro = 80 m/min. Velocidad traslación grúa = 10 m/min. Resistencia tracción mínima de la rueda = 690 N/mm^2. Trabaja el 50 % del tiempo. Perfil Burbach A 65 para la rodadura del pórtico y llantón 50.40 para la rodadura del carro. El tambor de doble ramal está centrado en el carro. Calcular ruedas de traslación de carro y de pórtico.

Figura BE 7.1. Fotografía de la grúa pórtico.

SOLUCIÓN:

Habría que calcular todos los pesos. Como problema tipo, los vamos a estimar:

$P_{\text{línea gancho}}$ = 150 daN.

Q_T = 150 + 35000 = 35150 daN.

$P_{\text{estructura}}$ = 32000 daN.

P_{carro} = 2500 daN.

a) Ruedas del carro:

$$d_1 \geq \frac{R}{P_{adm} \cdot c_2 \cdot c_3 \cdot (k - 2r_1)}$$

siendo R = (35150 + 2500)/4 = 9412,5 daN = 94125 N (para un número de ruedas = 4)

Estimamos d_1 = 400 mm:

$P_{adm} = 7$ N/mm^2 (Tabla B 7.1)

$c_2 = 0{,}91$ (Tabla B 7.2)

$c_3 = 0{,}9$ (Tabla B 7.3)

$k\text{-}2r_1 = 50 - 2 \cdot 2$ mm = 46 mm (para llantones $r_1 = 2$ mm)

$$400 \geq \frac{94125}{7 \cdot 0{,}91 \cdot 0{,}9 \cdot 46} = 356{,}91 \text{ mm}$$

luego, $D_{rueda\ carro}$ = 400 mm.

b) Cálculo de ruedas de traslación del pórtico

Suponemos una rueda por cada poste

$D_{rueda\ pórtico}$ = 630 mm

$$R = \frac{35150 + 2500}{2} + \frac{32000}{4} = 26825 \text{ daN} = 268250 \text{ N}$$

$P_{adm} = 7$ N/mm^2 (Tabla B 7.1.)

$c_2 = 1{,}17$ (Tabla B 7.2)

$c_3 = 0{,}9$ (Tabla B 7.3.)

$k\text{-}2r_1 = 53$ mm (Tabla B 6.2.)

$$630 \geq \frac{268250}{7 \cdot 1{,}17 \cdot 0{,}9 \cdot 53} = 686{,}6 \text{ mm}$$

luego, hay que colocar dos ruedas en cada poste:

$D_{rueda\ pórtico}$ = 400 mm

$$R = \frac{268250}{2} = 134125 \text{ N.}$$

$P_{adm} = 7$ N/mm^2 (Tabla B 7.1.)

$c_2 = 1{,}14$ (Tabla B 7.2.)

$c_3 = 0{,}9$ (Tabla B 7.3.)

$k\text{-}2r_1 = 53$ mm (Tabla B 6.2.)

$$400 \geq \frac{134125}{7 \cdot 1{,}14 \cdot 0{,}9 \cdot 53} = 352{,}3 \text{ mm}$$

Figura BE 7.2. Detalle del paquete de rodadura.

EJERCICIO B 7.2

ENUNCIADO: Se desea comprobar la grúa pórtico de la figura BE 7.3.

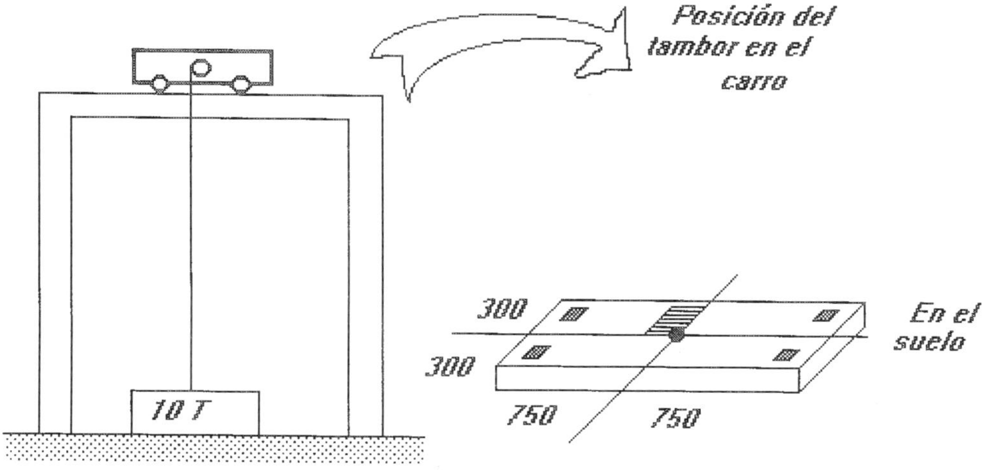

Figura BE 7.3. Esquema de la grúa y del carro.

¿Es posible elevar la carga a la altura de elevación máxima con estos datos?

Proceso de elevación v = cte.

Nº de ramales del cable = 1

Nº de espiras del tambor = 11

Rendimiento transmisión = η = 0,85

Carga útil (Q_u) = 10.000 daN

Peso propio y elementos suspensión ≈ 0

Potencia motor elevación = 60 CV

Tiempo elevación = 30 s

Altura de elevación = 10 m

$h_1 = 15{,}15 \quad h_2 = 1$ (tambor)

$K_C = 0{,}32$

$P_{adm} = 40$ Kg / cm^2

K-2 $r_1 = 45$ mm

$d_{\text{Rueda carro}} = 200$ mm

$C_2 = C_3 = 1$

1. Puede ser que el motor no tenga suficiente potencia.

$$v_{elev} = \frac{s}{t} = \frac{10 \text{ m}}{0{,}5 \text{ min}} = 20 \text{ m / min}$$

$$P = \frac{Q_u \cdot v_{elev}}{4.500 \cdot \eta} = \frac{10.000 \cdot 20}{4.500 \cdot 0{,}85} = 52{,}28 \text{ CV}$$

Si que puede pues 52,28 < 60 CV

2. Puede ser que no se pueda enrollar el cable, por no tener espacio en el tambor.

$$S = \frac{Q_u}{i \ \eta} = \frac{10.000}{1 \ 1} = 10.000 \text{ daN}$$

$$d_{cable} = K_C \sqrt{S} = 0{,}32 \sqrt{10.000} = 32 \text{ mm}$$

Diámetros de cable disponibles $\Rightarrow d_c = 33$ mm $\Rightarrow$ paso, s = 37 mm

$d_{Tambor} = d_{cable} \cdot h_1 \cdot h_2 = 15{,}15 \cdot 33 \cdot 1 = 500$ mm

$$\text{Nº Espiras} = \frac{\text{Longitud del cable}}{\pi \cdot d_{Tambor}} = \frac{10.000 \text{ mm}}{500 \cdot \pi} = 6{,}36 \approx 7$$

Nº Espiras totales = 7 + 3 = 10

10 < 11 $\Rightarrow$ Hay suficiente Nº de espiras para enrollar el cable.

3. Puede ser que no aguanten las ruedas, pues al elevar la carga, el cable se enrolla en el tambor y la carga se desplaza hacia el extremo.

Calculamos lo que se ha desplazado el cable y por tanto la carga.

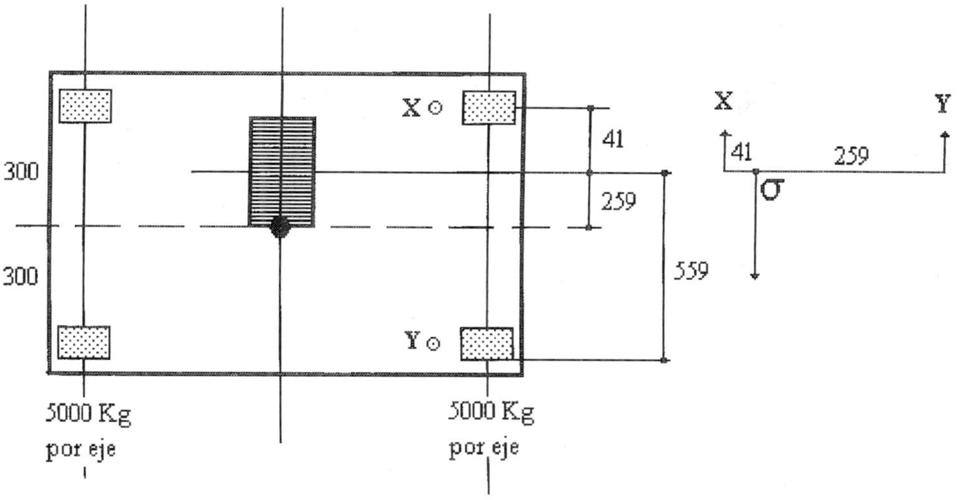

Figura BE 7.4. Esquema del tambor en el carro

Cuando la carga está arriba , todo el cable se encuentra enrollado y entonces se produce la situación más desfavorable, con la carga fuera del centro de inercia.

Longitud = 7 espiras × paso (37 mm / espira) = 259 mm

x: Reacción en la rueda sobrecargada

y: Reacción en la rueda descargada

$$\left.\begin{array}{ll}\sum F = 0 & 5.000 = x + y \\ \sum M = 0 & x \cdot 41 - y \cdot 559 = 0\end{array}\right\}$$

$$x = \frac{559}{600} \cdot 5.000 = 4660 \text{ daN}$$

$$y = \frac{41}{600} \cdot 5.000 = 341{,}6 \text{ daN}$$

$$d_{rueda} \geq \frac{Q_{rueda}}{P_{adm} \cdot C_2 \cdot C_3 \cdot (K - 2r_1)} = \frac{4.660}{40 \cdot 1 \cdot 1 \cdot 4{,}5}$$

$$\left.\begin{array}{l}P_{adm} = 40 \text{ Kg / cm}^2 \\ (K - 2\, r_1) = 4{,}5 \text{ cm}\end{array}\right\} \quad d_{rueda} \geq 25{,}8 \text{ cm} \Longrightarrow d_{rueda} \geq 258 \text{ mm}$$

Pero $d_{rueda} = 200 < 258$ mm $\Longrightarrow$ La rueda se rompe

¿A qué altura de elevación se rompe la rueda?

$$20 = \frac{Q_{rueda.critica}}{40 \cdot 1 \cdot 1 \cdot 4{,}5} \Rightarrow Q_{rueda} = 3.600 \text{ daN}$$

Como existe relación lineal entre la Q_u y la altura $\Longrightarrow$ $x = \frac{Q}{2} \cdot \left(\frac{e+z}{2\,e} \right)$

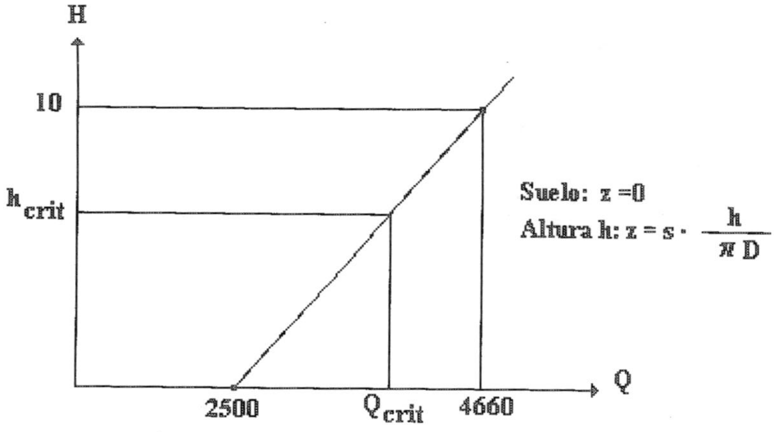

Figura BE 7.5. Diagrama altura-carga

$$\frac{10}{4.660 - 2.500} = \frac{h_{critica}}{3.660 - 2.500} \Rightarrow h_{critica} = \frac{11.600}{2.160} = 5{,}09 \text{ m}$$

La rueda se rompe 5,09 metros del suelo.

EJERCICIO B 8.1

ENUNCIADO: La grúa pórtico de la Figura BE 8.1. está ubicada en una zona portuaria; tiene una velocidad de elevación de 20 m/min, peso propio = 5 T, carga a elevar = 5 T, velocidad de traslación de 80 m/min y una superficie de exposición al viento de 5 m^2. Calcular el circuito de elevación y de traslación de la grúa. El diámetro del tambor es de 400 mm.

Figura BE 8.1. Fotografía de una grúa pórtico.

SOLUCIÓN

1. Circuito de Elevación

$$P_{elev} = \frac{Q \cdot v_{elev}}{4500 \cdot \eta} = \frac{5000 \cdot 20}{4500 \cdot 0{,}85} = 26 \text{ CV}$$

Tabla B 8.3.: $P_{elev} = 30$ CV — Motor trifásico asíncrono anillos rozantes;
1L S2 156-4AA2 — regulación por resistencias rotóricas.

$M_{max} = 148 \cdot 4 = 592$ N.m

$M_{freno} = M_{max} \cdot 2{,}5 = 592 \cdot 2{,}5 = 1480$ N.m.

Cálculo del freno:

Utilizamos frenos de mordaza, electromecánico, Eldro.

$M = 4 \,.\, b \,.\, r^2 .\, p \,.tg\, \psi \,.\, \alpha$ $\alpha = \frac{\pi}{4} = 0{,}78$ $tg\, \psi = 0{,}3$

$p = 10^6\ N/m^2$ b: anchura r: radio

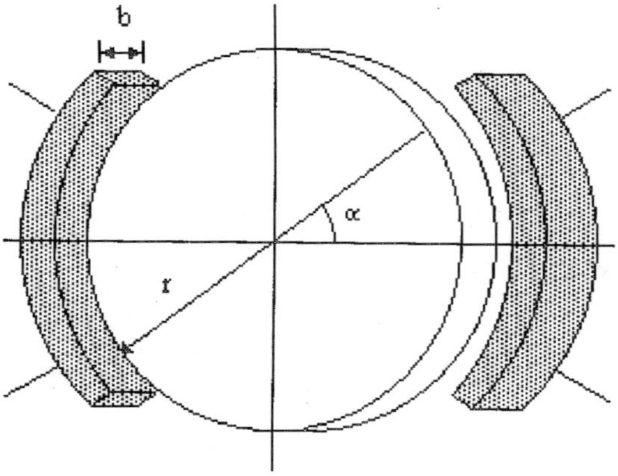

Figura BE 8.2. Freno de mordaza.

Tomando b = 0,05 m y r = 0,2 m entonces,

M = 1872 N.m que es razonable para soportar M_{freno}

Cálculo del índice de transmisión:

Suponemos engranajes rectos.

Tabla B 8.3.: $n_2 = 1450$ rpm

$d_{tambor} = 400$ mm

$R_{tambor} = 200$ mm

$v_{elev} = 20$ m/min $\omega_{tambor} = \frac{v_{elev}}{R_{tambor}} = \frac{20}{0{,}2} = 100\ \frac{1}{min}$

$rpm_{\ tambor} = \frac{100}{2\pi} = 15{,}92$

Suponiendo $n_r\,(st) \,/\, n_r\,(a) = 1$

índice de transmisión = i = n_2 / rpm (tambor) = 1450/15,92 = 91

2. Circuito de Traslación del pórtico

$$P_w = \frac{(G_1 + G_2).W.v_{tras}}{4,5 \ . \ 10^6.\eta} = \frac{10000 \ . \ 20 \ . \ 80}{4,5 \ . \ 10^6 \ . \ 0,85} = 4,18 \text{ CV}$$

Hemos de considerar el efecto del viento, ya que la grúa pórtico está en el exterior:
Tomamos F= 80 daN/m^2 de la Tabla B 9.6.:

$$P_v = \frac{S.v_w}{4.500.\eta} \ . F_v = \frac{5 \ . \ 80}{4500 \ . \ 0,85} \ . \ 80 = 8,36 \text{ CV}$$

En estado estacionario se deben sumar ambas:

$P = P_w + Pv = 4,18 + 8,36 = 12,54$ CV

Vamos al catálogo: ILS1 166 4AA2

P = 15 CV $GD_2^2 = 0,36$

$n_2 = 1440$

$M = 74$ N . m

$M_{max} = 74 \ . \ 3,4 = 261,6$ N . m

Comprobación del par de arranque.

$$M_b = \frac{\sum GD_1^2 \cdot n_1}{375 \cdot t_a}$$ con $n_1 = 1500$ rpm y ta = 6 seg

$$GD_1^2 = \frac{10000.d^2}{\eta} \qquad d = \frac{v_{tras}}{\pi \, n_1} = \frac{80}{\pi \cdot 1500}$$

$\eta = 0,85$

$$GD_1^2 = GD_2^2 \ \frac{n_2^2}{n_1^2} = 0,36 \ . \ \frac{1440^2}{1500^2} = 0,33$$

Luego $\sum GD_1^2 = 3,73$ daN.m^2

El par de arranque (M_A) queda:

$$M_b = \frac{\sum GD_1^2 \cdot n_1}{375 \cdot t_a} = \frac{3,73 \ . \ 1500}{375 \ . \ 6} = 2,49 \text{ daN.m} = 24,9 \text{ N.m}$$

$$M_W = \frac{P_w.716}{n_1} = \frac{4,18 \ . \ 716}{1500} = 1,99 \text{ daN.m} = 19,9 \text{ N.m}$$

$M_A = M_b + M_W = 19,9 + 24,9 = 44,8$ N.m

Hay que comprobar este par de arranque ($M_{máx\ motor} \geq M_A = M_W + M_b$):

$M_{max\ motor} = 261,6$ N.m

$M_A = 44,8$ N.m correcto

EJERCICIO B 9.1

ENUNCIADO: Un puente grúa doble tiene; carro polipasto, tambor de 2 ramales con la carga centrada, luz = 10 m, distancia entre puentes = 2 m, carga útil = 4000 daN, $v_{elevación}$ = 0,5 m/s, $v_{traslación}$ = 2 m/s, tiempo de aceleración = 9,1 m/s, resortes: ΔL = 0,5 m. El cable tiene una resistencia de 180 Kg/mm^2. El aparato posee una frecuencia aproximada igual de cargas pequeñas, medianas y máximas, y se le estima una duración del mecanismo de 50000 horas.

HIPÓTESIS: La carga en línea de gancho corresponde a la carga útil, el peso del gancho, aparejo y carro son despreciables.

Figura BE 9.1. Fotografía de un puente-grúa.

SOLUCIÓN:

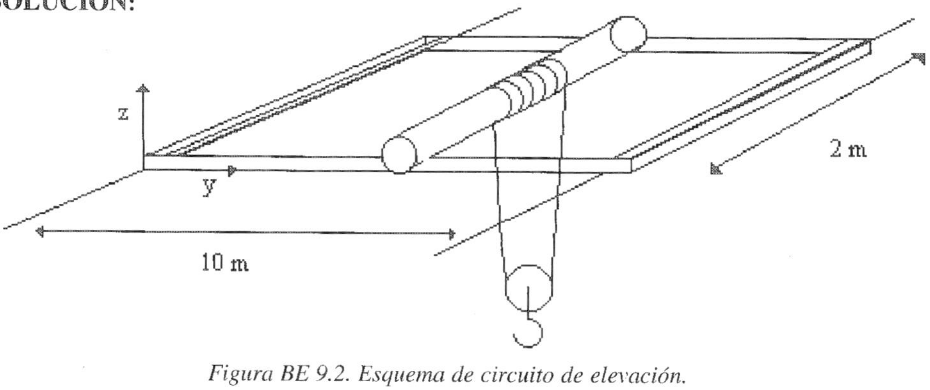

Figura BE 9.2. Esquema de circuito de elevación.

• Clasificación del aparato: Tabla B 2.17. ⇒ Grupo M8

Tabla B 9.9. ⇒ M = 1,12

• Cálculo de la flecha en el puente

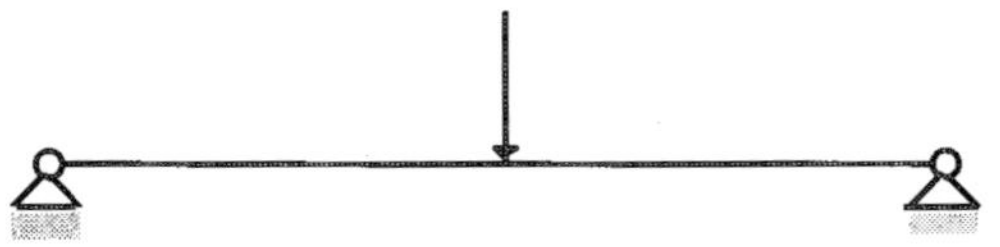

$$\delta = \frac{PL^3}{48\ EI}$$

• Cálculo coeficiente dinámico para mayorar la carga:

Coef. ψ = 1,3 (Gráfica B 9.1.) con V_L = 0,5 m/s

El puente grúa está formado por dos vigas, luego la carga se reparte en dos.

$$P = Q_{mayorada} = Q_{útil} \cdot \psi = \frac{4000}{2}\ 1{,}3 = 2600 \text{ daN}$$

Elegimos el perfil:

$$I_1 = \frac{1}{12}\left(100.280^3 - 80.260^3\right) = 6{,}57\ .\ 10^7 \text{ mm}^4$$

$$I_2 = \frac{1}{12}\left(100^3.280 - 80^3.260\right) = 1{,}22\ .\ 10^7 \text{ mm}^4$$

$$W_1 = \frac{I_1}{140} = 4{,}6\ .\ 10^5 \text{ mm}^3$$

$$W_2 = \frac{I_2}{50} = 2{,}4\ .\ 10^5 \text{ mm}^3$$

A_{C1} = 280 . 10 . 2 = 5600 mm

A_{C2} = 100 . 10 . 2 = 2000 mm

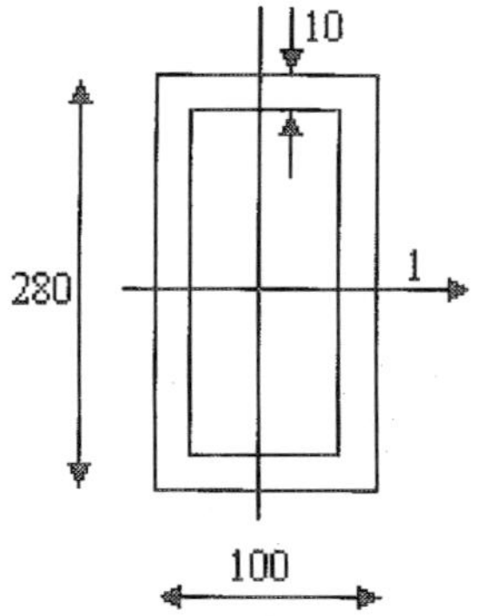

$$\delta = \frac{P\,L^3}{48\ .\ E\ .\ I} = \frac{2600\ .\ 10000^3}{48\ .\ 2{,}1\ .\ 10^4\ .\ 6{,}57\ .\ 10^7} = 39{,}22 \text{ mm}$$

$$\delta_{max} = \frac{10000}{250} = 40 \text{ mm}$$

Se debe verificar que $\delta < \delta_{max}$ Por lo tanto el perfil es válido de momento.

APLICACION DE LAS NORMAS FEM AL CALCULO DEL PUENTE

• Determinación de combinación de solicitaciones **Caso I.** Aparato en servicio sin viento.

Solicitaciones verticales

* Peso propio: S_G = (280 . 100 - 260 . 80) . 10^{-6} . 8.000 = 58 daN/m

1)

La carga total de servicio son 4000 daN, pero al haber dos puentes: $S_L = 2000$ daN

* Carga en servicio: $S_L = 2000$ daN

2)

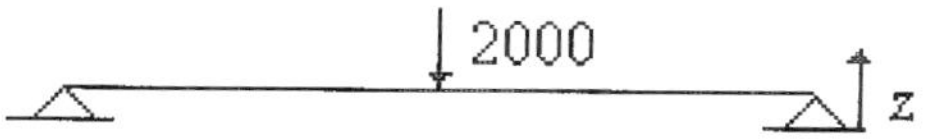

3)

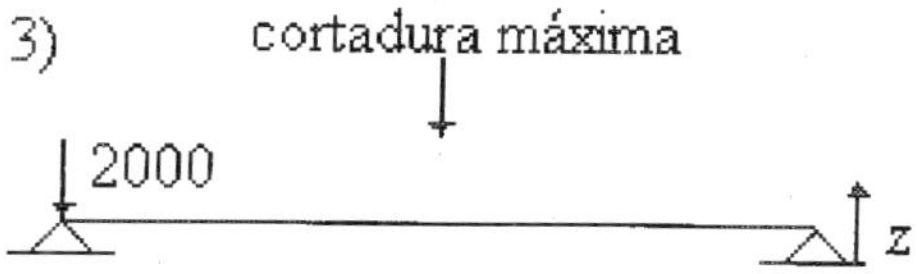

Solicitaciones horizontales:

De la Tabla B 9.5. obtenemos la aceleración; $a = 0{,}22\ m/sg^2$

Calculamos las fuerzas debidas a esta aceleración:

* Para el peso propio: $F = m.a = \frac{58}{9{,}8} \cdot 0{,}22 = 1{,}3$ daN/m

* Para la carga de servicio: $F = m.a = \frac{2000}{9{,}8} \cdot 0{,}22 = 44{,}8$ daN.

4)

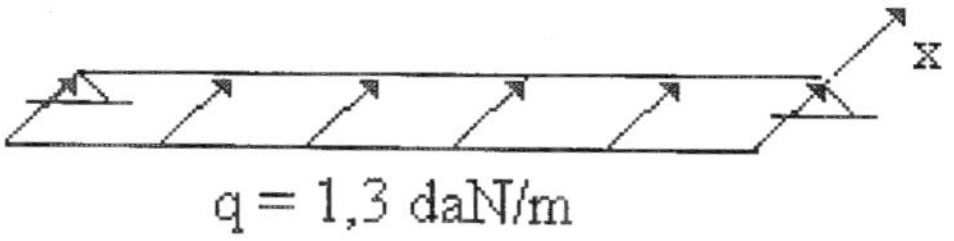

5)

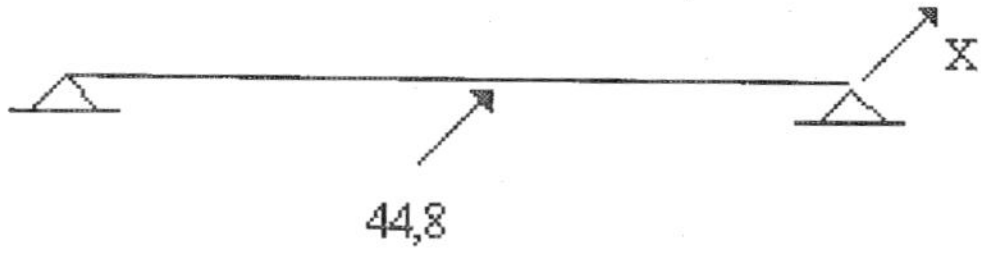

6)

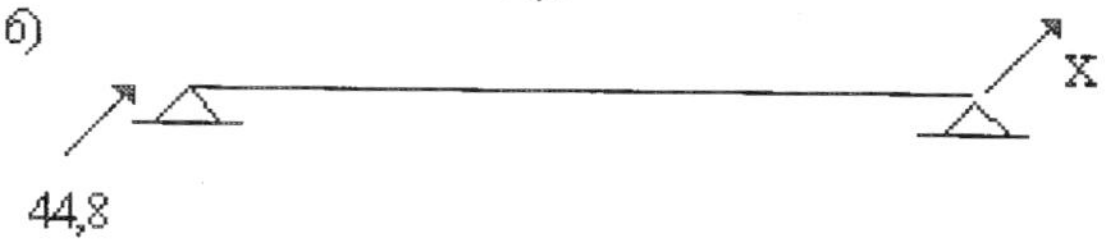

El choque de topes con final de carrera es debido tanto al peso propio como a la carga de servicio, aunque no se considera el caso de carga de 800 daN/m en el extremo, porque para el caso de choque contra los topes se toma siempre carga centrada. Primero calculamos la fuerza máxima que pueden desarrollar los resortes de final de carrera, para mas tarde realizar un reparto entre los casos de carga, en función de la magnitud de su carga.

$$Ec = W \Rightarrow \frac{1}{2}\, m\, v^2 = F \cdot \Delta L \Rightarrow \frac{1}{2}\, (580 + 2000) \,.\, 4 = F \,.\, 0{,}5 \Rightarrow F = 1032 \text{ daN}$$

7)

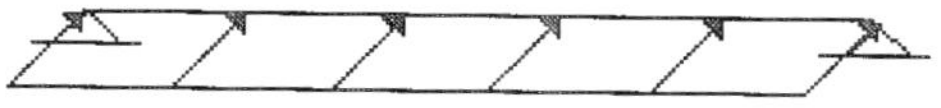

$$F_1 = \frac{1032 \,.\, 580}{2580} = 23{,}2 \text{ daN/m}$$

8)

$$F_2 = \frac{1032 \,.\, 2000}{2580} = 800 \text{ daN/m}$$

• Combinación de solicitaciones

CASO 1 - Grupo M8 ⇒ M = 1,20 (Tabla B 9.9.), Cs = 1,5

1.- 1,20 [1) + ψ. 2)] . 1,5 - levantando carga centrada
2.- 1,20 [1) + ψ. 3)] . 1,5 - levantando carga en extremo
3.- 1,20 [1) + ψ. 2) + 4) + 5)] . 1,5 - levantando carga, con aceleración
4.- 1,20 [1) + ψ. 3) + 4) + 6] . 1,5 - levantando carga en un extremo con aceleración

CASO 3 - Grupo M8 ⇒ M = 1,20 (Tabla B 9.9.), Cs = 1,1

5.- [1) + 2) + 7) + 8)] . 1,1
6.- [1) + ψ. 1,2 . 2)] . 1,1
7.- [1) + 1,4 . 2)] . 1,1

Calculamos la combinación de estados de carga número 3 que pertenece al CASO 1 a modo de ejemplo. Habría que calcular las siete combinaciones y determinar el más desfavorable.

Los diagramas flectores y cortantes, así como los valores de los máximos momentos flectores y esfuerzos cortantes , nos servirán para determinar el estado tensional límite.

Diagramas flectores

1) 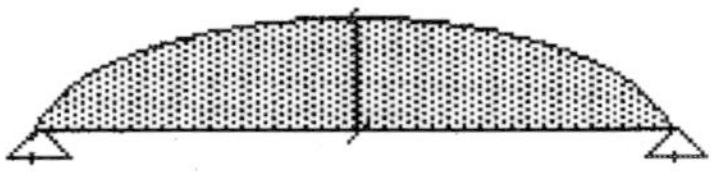

$$M_{f\,max} = \frac{q\,L^2}{8} = 725 \text{ daN.m}$$

2) 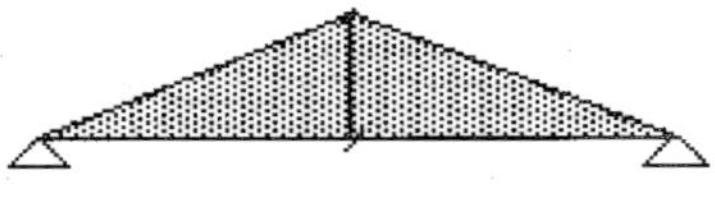

$$M_{f\,max} = \frac{P\,L}{4} = 5000 \text{ daN.m}$$

4) 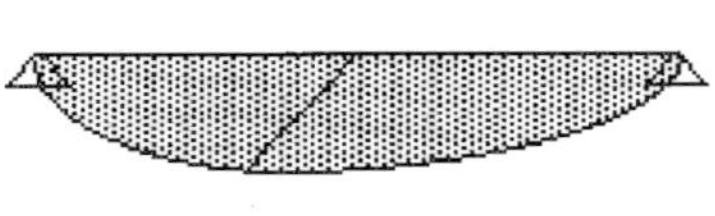

$$M_{f\,max} = \frac{q\,L^2}{8} = 16{,}25 \text{ daN.m}$$

5) 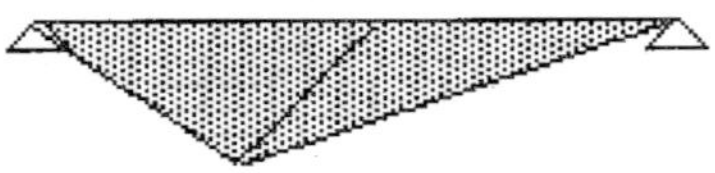

$$M_{f\,max} = \frac{P\,L}{4} = 112 \text{ daN.m}$$

Diagramas Cortantes:

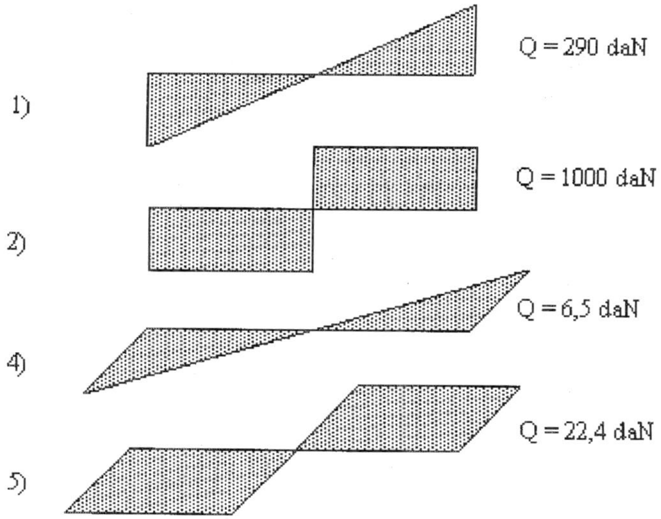

Calculamos los esfuerzos en el punto central, debidos a cada uno de los casos de carga que se combinan y hallamos la tensión equivalente.

$$\sigma_1 = \frac{725}{4{,}6 \cdot 10^5} \cdot \frac{10}{10^{-9}} = 15{,}7 \text{ MPa} \qquad \tau_1 = 0$$

$$\sigma_2 = \frac{5.000}{4{,}6 \cdot 10^5} \cdot \frac{10}{10^{-9}} = 108{,}6 \text{ MPa} \qquad \tau_2 = \frac{1.000}{5.600} \cdot \frac{10}{10^{-6}} = 1{,}78 \text{ MPa}$$

$$\sigma_4 = \frac{16{,}25}{2{,}4 \cdot 10^5} \cdot \frac{10}{10^{-9}} = 0{,}67 \text{ MPa} \qquad \tau_4 = 0$$

$$\sigma_5 = \frac{112}{2{,}4 \cdot 10^5} \cdot \frac{10}{10^{-9}} = 4{,}66 \text{ MPa} \qquad \tau_5 = \frac{22{,}4}{2.000} \cdot \frac{10}{10^{-6}} = 0{,}112 \text{ MPa}$$

Se aplican los coeficientes obtenidos de las normas FEM a cada uno de los casos de carga:

$$1{,}20 \cdot \left[(1) + \psi\cdot(2) + (4) + (5)\right] \cdot 1{,}5 \qquad \psi = 1{,}3$$

Caso (1): Afectado de 1,2 y 1,5 $\Rightarrow (1)\cdot 1{,}8 \Rightarrow \sigma_1 = 28{,}26$ MPa $\quad \tau_1 = 0$

Caso (2): Afectado de 1,2 ; 1,3 y 1,5 $\Rightarrow (2)\cdot 2{,}34 \Rightarrow \sigma_2 = 254{,}34$ MPa $\quad \tau_2 = 4{,}165$ MPa

Caso (4): Afectado de 1,2 y 1,5 $\Rightarrow (4)\cdot 1{,}8 \Rightarrow \sigma_4 = 1{,}206$ MPa $\quad \tau_4 = 0$

Caso (5): Afectado de 1,2 y 1,5 $\Rightarrow (5)\cdot 1{,}8 \Rightarrow \sigma_5 = 8{,}388$ MPa $\quad \tau_5 = 0{,}2016$ MPa

$$\sigma_{equivalente} = \sqrt{(\sigma_1+\sigma_2+\sigma_4+\sigma_5)^2 + 3\times((\tau_1+\tau_2)^2+(\tau_4+\tau_5)^2)} =$$

$$= \sqrt{(28{,}26+254{,}34+1{,}206+8{,}388)^2 + 3\cdot(4{,}16^2+0{,}2^2)}$$

$\sigma = 292{,}28$ MPa > 260 MPa Luego este perfil no es válido y habrá que diseñar otro mayor. Seleccionamos otro perfil:

$I_1 = 1/12 \cdot (120\cdot 300^3 - 100\cdot 280^3) = 8{,}7\cdot 10^7$ mm^4

$I_2 = 1/12 \cdot (120^3\cdot 300 - 100^3\cdot 280) = 1{,}98\cdot 10^7$ mm^4

$W_1 = I_1/150 = 5{,}8\cdot 10^5$ mm^3

$W_2 = I_2/60 = 3{,}3\cdot 10^5$ mm^3

$A_{C1} = 300\cdot 10\cdot 2 = 6.000$ mm^2

$A_{C2} = 120\cdot 10\cdot 2 = 2.400$ mm^2

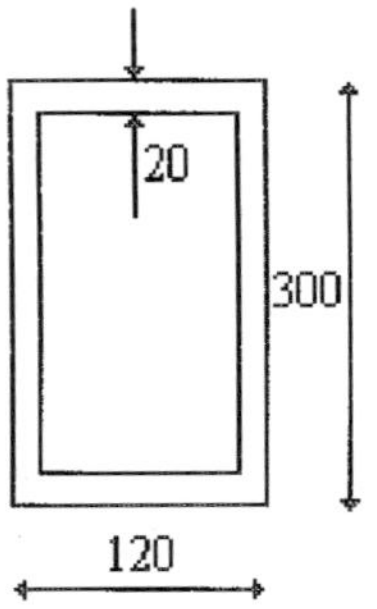

Calculamos esfuerzos y aplicamos los coeficientes:

$\sigma_1 = 12{,}5$ MPa	$\tau_1 = 0$	$(1)\cdot 1{,}8$	$\sigma_1 = 22{,}5$ MPa	$\tau_1 = 0$
$\sigma_2 = 86{,}2$ MPa	$\tau_2 = 1{,}66$ MPa	$(2)\cdot 2{,}34$	$\sigma_2 = 201{,}7$ MPa	$\tau_2 = 3{,}9$ MPa
$\sigma_4 = 0{,}49$ MPa	$\tau_4 = 0$	$(4)\cdot 1{,}8$	$\sigma_4 = 0{,}88$ MPa	$\tau_4 = 0$
$\sigma_5 = 3{,}39$ MPa	$\tau_5 = 0{,}093$ MPa	$(5)\cdot 1{,}8$	$\sigma_5 = 6{,}11$ MPa	$\tau_5 = 0{,}168$ MPa

Obtenemos los esfuerzos mayorados y se calcula el esfuerzo equivalente:

$$\sigma_{equivalente} = \sqrt{(22{,}5+201{,}7+0{,}88+6{,}11)^2 + 3\cdot(3{,}9^2+0{,}168^2)} = 231{,}28 \text{ MPa}$$

$231{,}28 < 260$ Este perfil si que es válido.

EJERCICIO B 9.2

ENUNCIADO: De una grúa portacontenedores se conocen los siguientes datos:

$v_{elev} = 45$ m/min; $v_{trascarro} = 120$ m/min; $t_a = 9{,}1$ s; $v_{tras\ grua} = 40$ m/min; $t_a = 5{,}3$ s;

W(coef. rodadura) = 20; η(rend. transm.) = 0,85; ΔL(resortes) = 0,5 m; No hay ensayos.

$v_{viento} = 72$ Km/h = 20 m/s; A = 80 m^2; C = 1,6; $v_{tempestad} = 165$ Km/h = 46m/s;

$Q_{propio} = 40$ Tm; $Q_{útil} = 30$ Tm; $Q_{el.\ suspensión} = 20$ Tm;

Elevación pluma: $d_{rod} = 2$ m $\mu = 0{,}0075$ n = 1,4 rpm $\alpha_{máx} = 60°$, Q_{pluma} 5.10^3 daN

Altura = 18 m; $\left.\begin{array}{l}\text{Alcance en agua} = 38 \text{ m}\\ \text{Alcance en tierra} = 10 \text{ m}\end{array}\right\}$ Total = 48 m

El cable tiene una resistencia de 180 Kg/mm^2. El aparato posee una frecuencia reducida de la carga máxima, y se le estima una duración del mecanismo de 25000 horas. Plantear los posibles casos elementales de solicitación.

SOLUCIÓN:

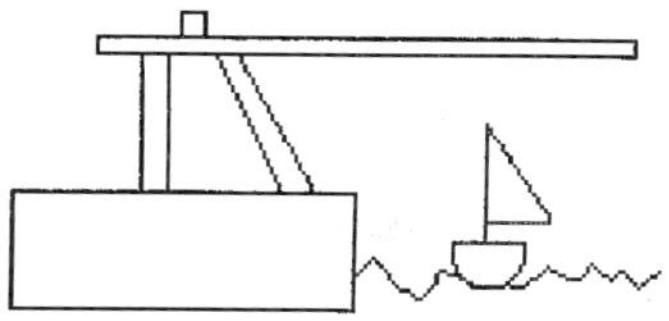

1. Clasificación de la grúa:

(Tabla B 2.17.)$\Longrightarrow$ Grupo M7

2. Cálculo del coeficiente dinámico:

ζ: Coef. experimental de las grúas-pórtico

$\psi = 1 + \zeta \cdot v_L = 1 + 0{,}6 \cdot 0{,}75 = 1{,}45$

$$v_L = \frac{45 \text{ m / min}}{60 \text{ s}} = 0{,}75 \text{ m / s}$$

3. Cálculo del coeficiente de mayoración:

(Tabla B 9.9.) $\Longrightarrow$ Grupo M7 $\Longrightarrow$ M = 1,12

Peso propio = S_G = 40 T

Peso carga de servicio = Carga útil + Elemento de suspensión = $S_L = 30 + 20 = 50$ T

APLICACIÓN DE LAS NORMAS FEM

I $S = M\ (S_G + \Psi \cdot S_L) \cdot C_S$ — Levantando carga centrada

$S = (M \cdot (S_G + \Psi \cdot S_L + S_H)) \cdot C_S$ — Levantando carga centrada y acelerando

$C_S = 1{,}5$

II $(M \cdot (S_G + \Psi \cdot S_L + S_H) + S_w) \cdot C_S$ — Solicitación con viento

$C_S = 1{,}33$

III. $(S_G + S_L + S_T) \cdot C_S$ — Efecto de choque con topes de fin de carrera.

$(S_G + S_{w\ máx}) \cdot C_S$ — Solicitación con viento tempestad

$C_S = 1{,}1$

Planteamiento de los casos posibles:

"1" . Peso propio de la grúa.

"2" . Carro en extremo del lado del agua

"3" . Carro en centro alcance del agua

"4" . Carro en centro alcance de tierra

"5" . Carro en extremo lado de tierra

"6" . Carro acelerando en dirección de desplazamiento de carro
Grúa acelerando en dirección de desplazamiento grúa

"7" . Carro frenando en dirección de desplazamiento carro
Grúa acelerando en dirección de desplazamiento grúa

"8" . Carro fijo
Grúa acelerando en dirección desplazamiento grúa

"9" . Viento servicio sobre carro en lado de agua y dirección x
"10". Viento servicio sobre carro en lado de agua y dirección z
"11". Viento servicio sobre carro en lado tierra x
"12". Viento servicio sobre carro en lado tierra z
"13". Viento servicio sobre grúa en dirección x
"14". Viento servicio sobre grúa en dirección z
"15". Carro en aparcamiento (sin carga) centro pórtico
"16". Viento tempestad, carro aparcado, dirección x
"17". Viento tempestad, carro aparcado, dirección z
"18". Carro contra topes final de carrera

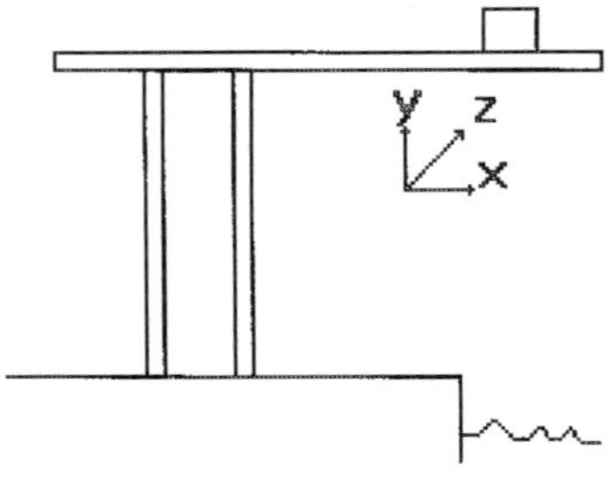

4. Cálculo de la solicitación del viento:

$$q = \frac{5}{8} v_w^2 = \frac{5 \,.\, 400}{8} = 250 \text{ N / m}^2$$ (Casos "9" a "14")

$$q_{máx} = \frac{5}{8} 46^2 = 1322{,}5 \text{ N / m}^2$$ (Casos "16" y "17")

$S_w = A \cdot q \cdot C = 80 \cdot 25 \cdot 1{,}6 = 32000$ N

$S_{w\ máx} = 80 \cdot 131{,}25 \cdot 1{,}6 = 169280$ N

5. Esfuerzos horizontales:

$$v_{carro} = \frac{120}{60} = 2 \text{ m / s}\ ; \quad v_{grúa} = \frac{40}{60} = 0{,}66 \text{ m / s}$$

$$a_{carro} = (v_{carro} = 2, t_a = 9{,}1) = 0{,}22 \text{ m / s}^2$$

$$a_{grúa} = (v_{grúa} = 0{,}66, t_a = 5{,}3) = 0{,}098 \text{ m / s}^2$$

$$S_{H_{i,j}} = \frac{S_{V_j}}{9{,}8} \cdot a_{carro} \qquad S_{H_{i,k}} = \frac{S_{V_k}}{9{,}8} \cdot a_{grúa}$$ (Para los casos: "6","7","8")

donde S_H son las solicitaciones horizontales que se derivan de las verticales S_V

para i = 6,7,8 j = 2,3,4,5 k = 1,2,3,4,5

Ejemplo (para un caso del estado 6) $S_{H_{6,2}} = \frac{S_{V_2}}{9{,}8} \cdot a_{carro}$ para el carro

$S_{H_{6,2}} = \frac{S_{V_2}}{9{,}8} \cdot a_{grua}$ para la grua

6. Potencia de elevación:

$$P_{elev} = \frac{G_2 \cdot v_{elev}}{4.500 \cdot \eta} = \frac{(30 \cdot 10^3 + 20 \cdot 10^3) \cdot 45}{4.500 \cdot 0{,}85} = 588 \text{ CV} \Rightarrow 610 \text{ CV}$$ (En Tabla B 8.3.)

Planteamiento de las combinaciones de casos según FEM.

I) APARATO EN SERVICIO SIN VIENTO

$$S = (S_G + \psi \cdot S_L) \cdot M \cdot C_S = ("1" + \psi \cdot \begin{Bmatrix} "2" \\ "3" \\ "4" \\ "5" \end{Bmatrix}) \cdot M \cdot C_S \qquad C_S = 1{,}5$$

$$S = \{(S_G + \psi \cdot S_L + S_H) \cdot M\} \cdot C_S = (("1" + \psi \cdot \begin{Bmatrix} "2" \\ "3" \\ "4" \\ "5" \end{Bmatrix} + \begin{Bmatrix} "6" \\ "7" \\ "8" \end{Bmatrix}) \cdot M) \cdot C_S \qquad C_S = 1{,}5$$

II) APARATO EN SERVICIO CON VIENTO

$$S = (("1" + \psi \cdot \begin{Bmatrix} "2" \\ "3" \\ "4" \\ "5" \end{Bmatrix}) \cdot M + \begin{Bmatrix} "9" \\ "10" \\ "11" \\ "12" \\ "13" \\ "14" \end{Bmatrix}) \cdot C_S \qquad C_S = 1{,}33$$

$$S = (("1" + \psi \cdot \begin{Bmatrix} "2" \\ "3" \\ "4" \\ "5" \end{Bmatrix} + \begin{Bmatrix} "6" \\ "7" \\ "8" \end{Bmatrix}) \cdot M + \begin{Bmatrix} "9" \\ "10" \\ "11" \\ "12" \\ "13" \\ "14" \end{Bmatrix}) \cdot C_S \qquad C_S = 1{,}33$$

III) APARATO SOMETIDO A SOLICITACIONES EXCEPCIONALES

$$S = (S_G + S_{w\,máx}) \cdot C_S = ("1" + \begin{Bmatrix} "16" \\ "17" \end{Bmatrix}) \cdot C_S \qquad C_S = 1{,}1$$

$$S = (S_G + S_L + S_T) \cdot C_S = ("1" + \begin{Bmatrix} "2" \\ "3" \\ "4" \\ "5" \end{Bmatrix} + "18") \cdot C_S \qquad C_S = 1{,}1$$

7. Potencia de traslación carro:

$$P_{\text{tras carro}} = \frac{G_2 \cdot W \cdot v_{\text{tras carro}}}{4{,}5 \cdot 10^6 \cdot \eta} = \frac{(30 \cdot 10^3 + 20 \cdot 10^3) \cdot 20 \cdot 120}{4{,}5 \cdot 10^6 \cdot 0{,}85} = 22{,}66 \text{ CV} \Rightarrow 25 \text{ CV}$$

8. Potencia traslación de la estructura:

$$P_{\text{tras estructura}} = \frac{(G_2 + G_1) \cdot W \cdot v_{\text{tras}}}{4{,}5 \cdot 10^6 \cdot \eta} = \frac{(30 \cdot 10^3 + 20 \cdot 10^3 + 40 \cdot 10^3) \cdot 20 \cdot 40}{4{,}5 \cdot 10^6 \cdot 0{,}85} = 18{,}8 \text{ CV}$$

$$\Rightarrow P_{\text{tras estructura}} = 20 \text{ CV}$$

9. Potencia giro carro:

$d_{rod} = 2$ m $\mu = 0{,}0075$ $n = 1{,}4$ rpm $\alpha_{máx} = 60°$

$Q = G_2 = 30 \cdot 10^3 + 20 \cdot 10^3$ daN

$M = Q \cdot \mu \cdot d/2 = 50 \cdot 10^3 \,.\, 0{,}0075 \,.\, 1 = 375$ daN.m

$$P_{\text{giro carro}} = \frac{M \cdot n}{716{,}2 \cdot \eta} = 0{,}86 \text{ CV} \approx 5{,}5 \text{ CV}$$

10. Potencia de elevación de la pluma:

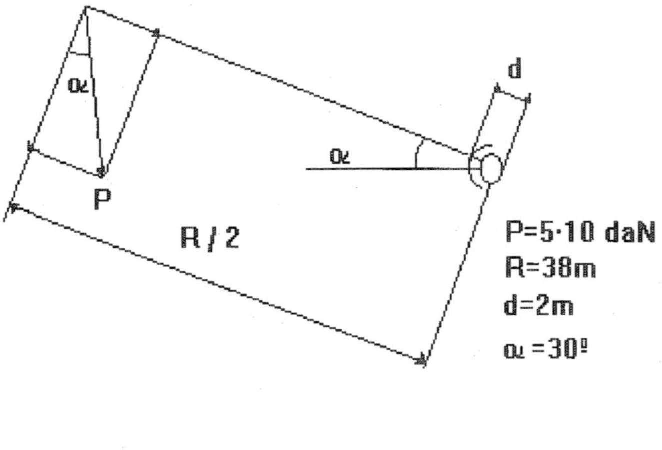

$$P_{\text{elev pluma}} = \frac{M \cdot n}{716{,}2 \cdot \eta} \qquad P = Q_{\text{pluma}}$$

$$P_{\text{elev pluma}} = \frac{P.\cos\alpha.R/2 + \mu.P.\text{sen}\alpha.d/2}{716{,}2 \,.\, \eta} = \frac{P/2.(R.\cos\alpha + \mu.d.\text{sen}\alpha)}{716{,}2 \,.\, 0{,}85}$$

$$P_{\text{elev pluma}} = 218 \text{ CV} \approx 250 \text{ CV}$$

EJERCICIO B 10.1

ENUNCIADO: Dimensionar el puente grúa de la figura BE 10.1. El cable tiene una resistencia de 180 Kg/mm^2. El aparato posee una frecuencia aproximada igual de cargas pequeñas, medianas y máximas, y se le estima una duración del mecanismo de 12500 horas.

DATOS:

$Q_u = 20$ T	$Q_{carro} = 1.300$ daN	$Q_{grúa} = 4.000$ daN
Longitud = 10 m	$v_{tras} = 40$ m/min	$v_{elev} = 12$ m/min
Altura elevación = 10 m	$\eta_{transmisión} = 85\%$	$\sigma_{tambor} = 160$ MPa
Distancia entre columnas = 5m	Rodamientos en ruedas	30% uso rueda

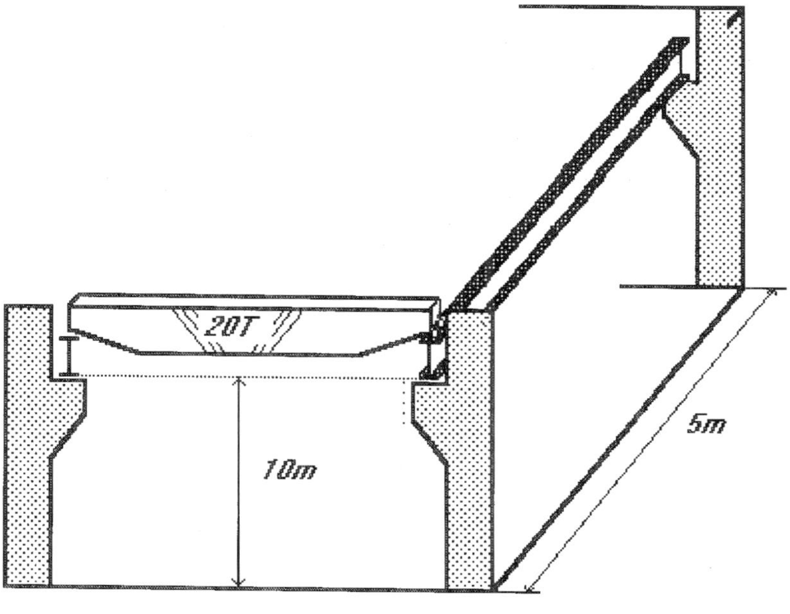

Figura BE 10.1. Esquema del puente grua.

SOLUCION:

1. Gancho:

(Tabla B 1.1.) $\Longrightarrow Q_g = 160$ daN

$Q_{Total} = 20.000 + 160 = 20.160$ daN

2.Cable:

Clasificación (Tabla B 2.17.) $\Longrightarrow$ Grupo M7 $\Longrightarrow K_C = 0{,}335$

$d_{cable} = K_C \sqrt{S}$ $\qquad S = Q_{Total} / \eta\, n_r$ (Esfuerzo por ramal)

$$d_{cable} = K_C \sqrt{Q_{total} / 1 \cdot 1} = 0{,}335 \sqrt{20.160} = 47{,}56 \text{ mm} \quad ; \text{Para 1 ramal}$$

$$d_{cable} = K_C \sqrt{Q_{total} / 2 \cdot 0{,}99} = 0{,}335 \sqrt{20.160 / 2 \cdot 0{,}99} = 33{,}8 \text{ mm} \;; \text{Para 2 ramales}$$

$$d_{cable} = K_C \sqrt{Q_{total} / 4 \cdot 0{,}97} = 0{,}335 \sqrt{20.160 / 4 \cdot 0{,}97} = 24{,}14 \text{ mm} \;; \text{Para 4 ramales}$$

Seleccionamos 4 ramales por estar el diámetro del cable comprendido entre los valores más utilizados para puentes grúa:

$$d_{cable} = 24{,}14 \approx 25 \Longrightarrow \text{Según tabla B 5.4.} = 27 \text{ mm} \begin{cases} s = 31 \text{ mm} \\ r = 15 \text{ mm} \\ a = 3{,}5 \text{ mm} \end{cases}$$

Tipo: $6 \times 37(1 + 6 + 12 + 18) + 1$ Alma textil

3.Poleas:

(Tabla B 3.8.) $\Longrightarrow h_1 = 25$

(Figura B 3.12.) $\Longrightarrow h_2 = 1{,}12$

$d_{Polea} = D_1 = d_{cable} \cdot h_1 \cdot h_2 = 27 \cdot 25 \cdot 1{,}12 = 756$ mm

Poleas de Rodamientos $d_{Polea} = 800 \Longrightarrow$ Peso $= 125 \times 2 = 250$ daN

4.Aparejo:

$$\begin{array}{rcl} Q_u & = & 20.000 \\ Q_g & = & 160 \\ Q_p & = & 250 \\ \hline Q_T & = & 20.410 \text{ daN} \end{array} \Rightarrow (25 \text{ T}) \Rightarrow \text{Peso tabla de aparejos} = 645 \text{ daN}$$

$Q_T = 20.000 + 645 = 20645$ daN

5.Tambor:

(Tabla B 3.8.) $\Longrightarrow h_1 = 22{,}4$

(Figura B 3.12.) $\Longrightarrow h_2 = 1{,}12$

$d_{Tambor} = d_{cable} \cdot h_1 \cdot h_2 = 27 \cdot 22{,}4 \cdot 1{,}12 = 677{,}37$ mm

$\sigma = 160$ MPa $\Longrightarrow$ Tabla B 5.6. ($d_{Tambor} = 700$ mm ; $S = 5.195{,}8 \approx 6.000$ daN)

Espesor de la pared $\Longrightarrow h = 10$ mm

Longitud de elevación $= 10 \times 4 = 40$ m

$$\text{N° de espiras} = \frac{\text{Longitud de elevación}}{\pi \cdot d_{Tambor}} = \frac{40.000}{\pi \cdot 700} = 18{,}18 \text{ espiras} \approx 19 \text{ espiras}$$

Nº Espiras totales = 19 + 2·2 = 23

Longitud tambor = $N^{o}_{\text{Total de espiras}} \cdot$ paso = 23 · 31 = 713 mm ≈ 800mm

6.Potencia de elevación:

$$P_{elev} = \frac{G_2 \cdot v_{elev}}{4500 \cdot \eta} = \frac{20.645 \cdot 12}{4.500 \cdot 0,85} = 64,76 \text{ CV} \qquad \text{Tabla B 8.3.} \Rightarrow 82 \text{ CV}$$

Datos del motor:

$$\left.\begin{matrix} \text{Peso} = 745 \text{ Kg} \\ M_N = 392 \text{ N m} \end{matrix}\right\} \qquad \frac{N_{max}}{M_N} = 4 \Rightarrow M_{max} = 4 \cdot 392 = 1.568 \text{ N m}$$

$$n_2 = 1.470 \text{ rpm} \qquad M_{max\ freno} = 2,5 \cdot M_{max} = 3.920 \text{ N m}$$

Diseño del freno:

$$\left.\begin{matrix} p = 10^6 \ N/m^2 \\ tg\,\varphi = 0,3 \\ \alpha = \frac{\pi}{4} = 0,78 \end{matrix}\right\} \qquad M_{freno} = 4 \text{ b } r^2 \text{ p } tg\varphi \ \alpha = 4 \ 10^6 \ 0,3 \ 0,78 \text{ b } r^2$$

$$\left.\begin{matrix} b = 0,05\text{m} \\ r = 0,2\text{m} \end{matrix}\right] \qquad M_{freno} = 1.872 \text{ N.m} < M_{max\ freno} \Rightarrow \text{No vale}$$

$$\left.\begin{matrix} b = 0,05\text{m} \\ r = 0,3\text{m} \end{matrix}\right] \qquad M_{freno} = 4.212 \text{ N m} > M_{max\ freno} \Rightarrow \text{Válido}$$

$$i_{elev} = \frac{n_2 \cdot \pi \cdot d_{tambor}}{v_e} \cdot \frac{n_r(st)}{n_r(a)} = \frac{1470 \cdot \pi \cdot 0,700}{12} \cdot \frac{2}{4} = 134,7$$

7. Potencia de traslación:

$$\left.\begin{matrix} Q_{carro} = 1300 \text{ daN} \\ Q_{Mot.Elev} = 745 \text{ daN} \end{matrix}\right\}$$

Peso muerto: $G_1 = 1.300 + 745 = 2.045$ daN

$$P_{tras} = \frac{(G_2 + G_1) \cdot \omega \cdot v_{tras}}{4,5 \cdot 10^6 \cdot \eta} = \frac{(20.645 + 2.045) \cdot 7 \cdot 40}{4,5 \cdot 10^6 \cdot 0,85} = 1,66 \text{ CV} \qquad \text{Tabla B 8.3.} \Rightarrow 5,5 \text{ CV}$$

8. Ruedas del carro:

$$Q_{rueda} = \frac{G_2}{4} + \frac{G_1}{4} \Rightarrow$$

$$Q_{rueda} = \frac{20.645}{4} + \frac{2.045}{4} = 5.161,25 + 511,25 = 5.675,5 \text{ daN}$$

$P_{adm} = 7{,}0$ N/mm² 30 % duración $\Longrightarrow C_3 = 1$

Perfil Burbach A-100 $\Longrightarrow$ K-2r₁ = 80 mm

$$d_{rueda} \geq \frac{Q_R}{P_{adm} \cdot C_2 \cdot C_3 \cdot (K - 2r_1)}$$

$$d_{rueda} = 400 \geq \frac{5.675{,}5 \cdot 10}{7 \cdot 1 \cdot 1 \cdot 80} = 101{,}34 \text{mm} \quad (\text{Para } d_{rueda} = 400 \text{ y } v_{tras} = 40 \text{ m/min } C_2 = 1)$$

$$d_{rueda} = 200 \geq \frac{5.675{,}5 \cdot 10}{7 \cdot 0{,}91 \cdot 1 \cdot 80} = 111{,}37 \text{ mm} (\text{Para } d_{rueda} = 200 \text{ y } v_{tras} = 40 \text{ m/min } C_2 = 0{,}91)$$

9. Ruedas del puente:

$Q_{grrua} = 4.000$ daN

$$G_1: \begin{cases} G_1' = Q_{carro} + Q_{motor\ elev} \\ G_1'' = Q_{grúa} \end{cases}$$

Perfil Burbach A-120 $\Longrightarrow$ K-2r₁ = 100 mm

$$Q_{rueda} = \frac{G_2}{2} + \frac{G_1'}{2} + \frac{G_1''}{4} = \frac{20.645}{2} + \frac{2.045}{2} + \frac{4.000}{4} = 12.345 \text{ daN}$$

$$d_{rueda} = 400 \geq \frac{12.345 \cdot 10}{7 \cdot 1 \cdot 1 \cdot 100} = 176{,}35 \text{ mm} \quad (\text{Para } d_{rueda} = 400 \text{ y } v_{tras} = 40 \text{ m/min } C_2 = 1)$$

10. Potencia de traslación del puente:

$$P_{tras} = \frac{(G_1 + G_2) \cdot w \cdot v_{tras}}{4{,}5 \cdot 10^6 \cdot \eta} = \frac{(20.645 + 2.045 + 4.000) \cdot 7 \cdot 40}{4{,}5 \cdot 10^6 \cdot 0{,}85} = 1{,}95 \text{ CV}$$

Tabla B 8.3. $\Longrightarrow P_{tras} = 5{,}5$ CV (Peso motor = 75 daN)

11. Cálculo de los carriles:

Datos del carril:

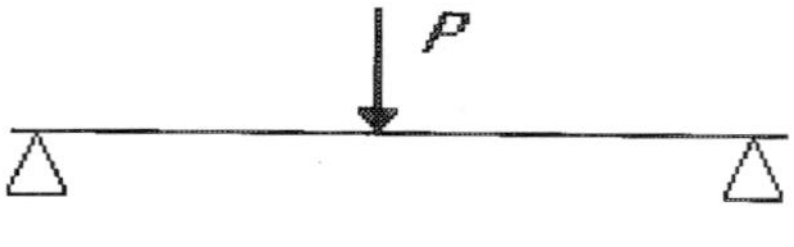

$I_x = 1420$ cm⁴ W = 249 cm³

$P = Q_u + Q_{carro + motor} + Q_{grúa}/2$

$P = 20.645 + 2.045 + 4.000/2 = 24.690$ daN

$$f = \frac{PL^3}{48\,EI} = \frac{24.690 \text{ daN} \cdot 5.000^3 \text{ mm}^3}{48 \cdot 2{,}1 \cdot 10^4 \text{ daN}/\text{mm}^2 \cdot 1{,}420 \cdot 10^7 \text{ mm}^4} = 215{,}6 \text{ mm}$$

$$\delta_{max} = \frac{5.000}{250} = 20 \text{ mm}$$ Luego el carril no vale.

EJERCICIO B 11.1

ENUNCIADO: Calcular los elementos y dimensionar la estructura de grúa pórtico con carro en voladizo. El cable tiene una resistencia de 180 Kg/mm^2. El aparato posee una frecuencia aproximada igual de cargas pequeñas, medianas y máximas, y se le estima una duración del mecanismo de 12500 horas.

DATOS:

Q_u = 30.000 daN	Q_{grua} = 40.000 dN	Q_{carro} = 500 daN
v_{elev} = 20 m/min	$v_{tras\ pórtico}$ = 80 m/min	$v_{tras\ carro}$ = 40 m/min
Altura de elevación: 8 m	Distancia entre postes: 10 m	
σ_{tambor} = 160 MPa	$\eta_{transmisión}$ = 85%	Poleas de rodamientos de bolas

Distancia entre línea de carga y centro de inercia del carro: 0,5 m

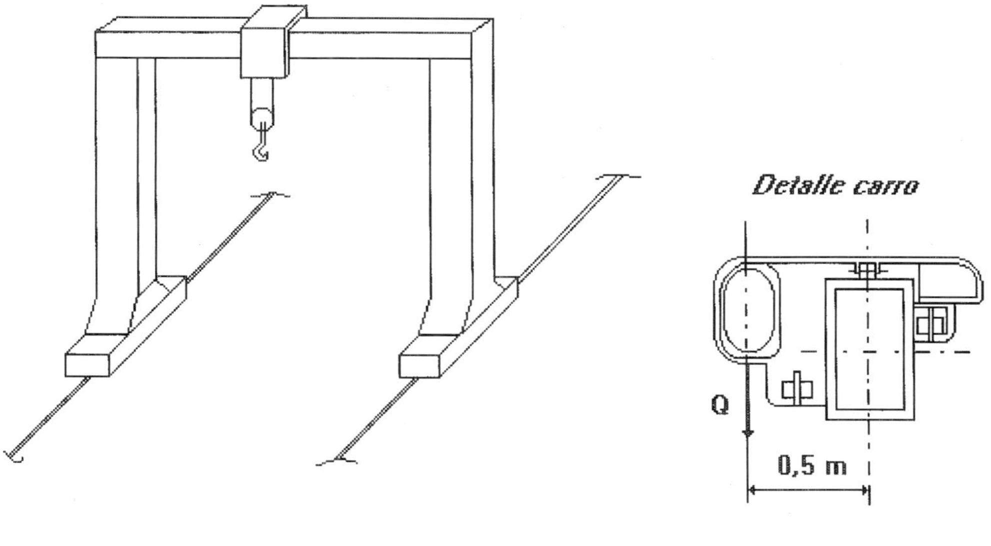

Figura BE 11.1. Esquema de la grúa pórtico y detalle del carro en voladizo.

SOLUCIÓN:

1. Gancho:

Q_u = 30.000 daN En Tabla B 1.1. (32 T) $\longrightarrow$ Q_g = 312 daN

$Q_{total} = Q_u + Q_g$ = 30.000 + 312 = 30.312 daN

2. Cable:

Grupo: M7 (Resistencia: 180 Kg/mm²) $\Rightarrow K_C = 0{,}335$

1 ramal: $d_{cable} = K_C \sqrt{30.312} = 58{,}32$ mm

2 ramales: $d_{cable} = K_C \sqrt{30.312 / 2 \cdot 0{,}99} \approx 41{,}44$ mm

4 ramales: $d_{cable} = K_C \sqrt{30.312 / 4 \cdot 0{,}97} \approx 29{,}60$ mm $\Rightarrow$

$\Rightarrow$ (Según la tabla B 5.4.) $\Rightarrow d_{cable} = 33$ mm $\Rightarrow$ s(paso) = 37 mm

Tipo de cable: 6 x 54 (1 + 6 + 9 + 9·9 + 18) ·W ·S + 1 Alma textil

3.Polea:

(Tabla B 3.8.) $\Rightarrow h_1 = 25$

(Figura B 3.12.) $\Rightarrow h_2 = 1{,}12$

$d_{polea} = D_1 \geq d_{cable} \cdot h_1 \cdot h_2 = 33 \cdot 25 \cdot 1{,}12 = 924$ mm

Polea de rodamientos de bolas: $d_{polea} = 1000$ mm Peso poleas = 2 x 210 = 420 daN

4.Aparejo de 2 poleas:

$Q_{total} = Q_u + Q_g + Q_p = 30.000 + 312 + 420 = 30.732$ daN

Tabla de aparejo de 2 poleas $\Rightarrow$ Q = 32 T $\Rightarrow$ Peso = 810 daN

$Q_T = 30.000 + 810 = 30.810$ daN

5.Tambor:

(Tabla B 3.8.) $\Rightarrow h_1 = 22{,}4$

(Figura B 3.12.) $\Rightarrow h_2 = 1$

$d_{tambor} = D_1 \geq d_{cable} \cdot h_1 \cdot h_2 = 33 \cdot 22{,}4 \cdot 1{,}12 = 827{,}9$ mm $\Rightarrow d_{tambor} = 800$ mm

$Q_{ramal} = 30.810 / 4 = 7702{,}5$ daN ≈ 8.000 daN

Espesor de pared, $\sigma = 160$ MPa, Tabla B 5.6. $\Rightarrow$ h =12

Longitud del cable = 4 · 8 = 32 m

Longitud de 1 espira = $\pi \cdot d_{tambor} = \pi \cdot 800 = 2.827{,}4$ mm

Nº espiras = (8.000·4)/2.827,4 = 11,31 $\approx$ 12 + 4 = 17

Longitud mínima del tambor = 16·37 = 592 mm $\approx$ 630 mm

Peso tambor $= (V_{ext} - V_{int}) \cdot \rho = (\pi \cdot r_{ext}^2 \cdot l - \pi \cdot r_{int}^2 \cdot l)\,\rho =$

$= (\pi \cdot 450^2 \cdot 600 \cdot 10^{-9} - \pi \cdot 438^2 \cdot 600 \cdot 10^{-9}) \cdot 8.000$ Kg/m³ =

$= (0{,}381 - 0{,}361) \cdot 8.000$ Kg/m³ = 165,44 daN

Peso total = 160 daN + 16 (10% Anclajes) $\approx$ 176 daN

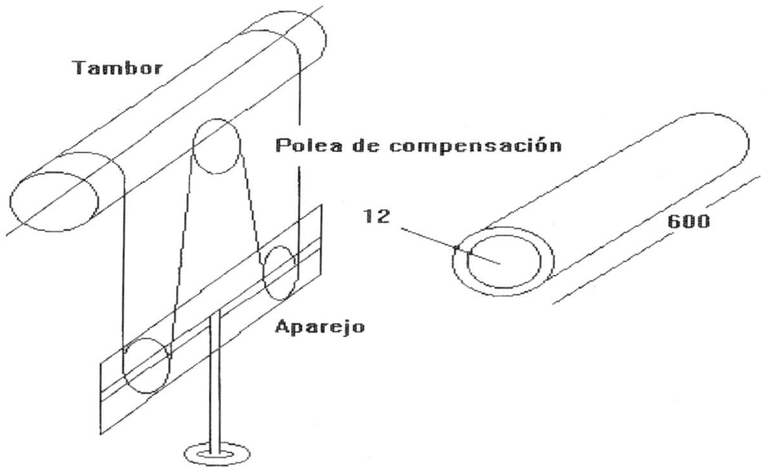

6. Potencia de elevación:

$Q_T = 30.000 + \text{Aparejo} = 30.000 + 810 = 30.810$ daN

$$P_{elev} = \frac{Q_T \cdot v_{elev}}{4.500 \cdot \eta} = \frac{30.810 \cdot 20}{4.500 \cdot 0{,}85} = 161{,}09 \Rightarrow \text{Tabla B 8.3} \quad \Rightarrow \quad 180\ \text{CV}$$

Peso motor = 1.400 daN

7. Potencia de traslación del carro: (Si fuese carro centrado)

$W = 7$; $v_{tras} = 40$ m/min

$Q_{tambor} = 176$; $Q_{motor} = 1.400 \Longrightarrow Q_T = 30.810 + 176 + 1.400 = 32.386$ daN

Suponemos: $Q_{carro} = 500$ Kg $\Longrightarrow Q_T = 32.386 + 500 = 32.886$ daN

$$P_{tras\ carro} = \frac{(30.810 + 2.076) \cdot W \cdot v_{tras}}{4{,}5 \cdot 10^6 \cdot \eta} = 2{,}4\ \text{CV} \Longrightarrow \text{Tabla B 8.3.} \Longrightarrow 5{,}5\ \text{CV} \quad \text{Peso} = 75\ \text{daN}$$

7(Bis). (Por ser carro en voladizo)

Al ser carro en voladizo, existe una resistencia adicional a la rodadura. Para poder hallar la potencia de traslación del carro es necesario conocer primero las dimensiones del perfil de la viga principal.

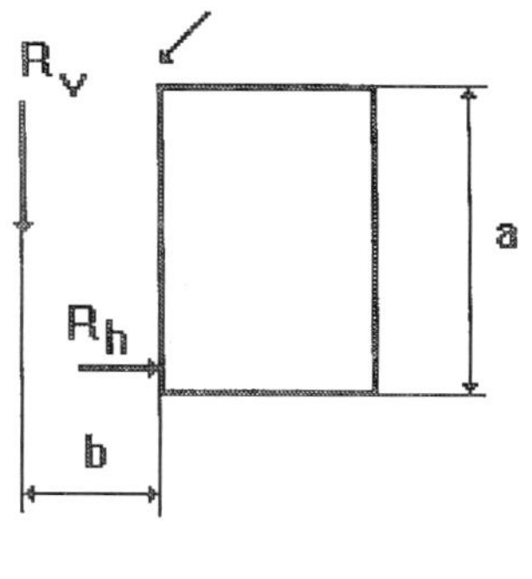

8. Potencia de traslación del pórtico:

$Q_{grua} = 40.000$ daN; $Q_T = 32.886$ daN

$W = 7$; $v_{tras} = 80$ m/min

$$P_{tras\ pórtico} = \frac{(30.810 + 42.076) \cdot W \cdot v_{tras}}{4,5 \cdot 10^6 \cdot \eta} = 10,67 \text{ CV} \Rightarrow \text{Tabla B 8.3.} \Rightarrow 15 \text{ CV}$$

Peso motor traslación pórtico = 125 daN

9. Estructura:

9.1. Viga principal.

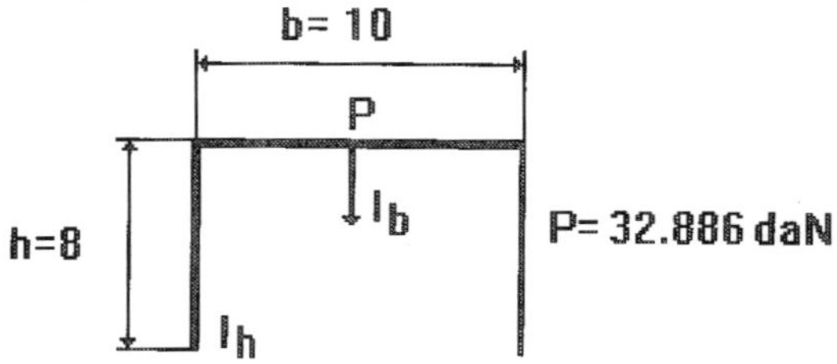

$$M_{1b} = \frac{P \cdot b^2}{4} \cdot \frac{4 \cdot \frac{I_b}{I_h} \cdot \frac{h}{b} + 3}{4 \cdot \frac{I_b}{I_h} \cdot h + 6 \cdot b}$$

Para simplificar, suponemos: $I_b = I_h$

$$M_{1b} = \frac{P \cdot b^2}{4} \cdot \frac{4 \cdot \frac{h}{b} + 3}{4h + 6b} = \frac{32.886 \cdot 10^2}{4} \cdot \frac{4 \cdot \frac{8}{10} + 3}{4 \cdot 8 + 6 \cdot 10} = 55405,76 \text{ daNm.}$$

En el caso de carro en voladizo , existe un esfuerzo torsor adicional:

$M_{1t} = P \cdot l$; $l = 0,5$ m $\Rightarrow M_{1t} = 32.886 \cdot 0,5 = 16.443$ daN m

Sea el perfil:

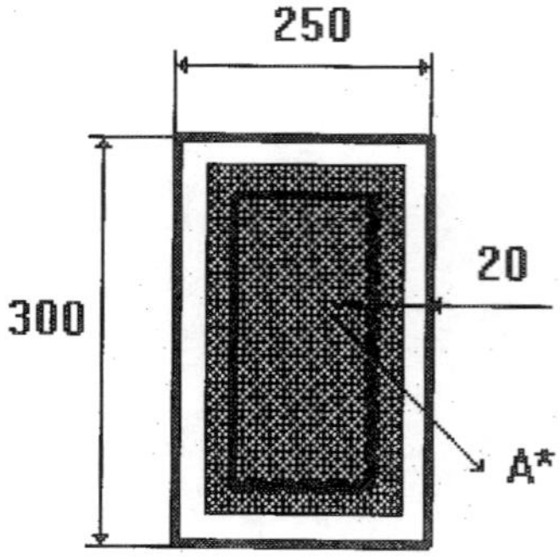

$$A = 500 \cdot 2 \cdot 20 + 210 \cdot 2 \cdot 20 = 28.400 \text{ mm}^2$$

$$I = \frac{1}{12}(250 \cdot 500^3 - 210 \cdot 460^3) = 9\ 10^8 \text{ mm}^4$$

$$W_{1b} = \frac{I}{250} = \frac{9\ 10^8}{250} = 3,6\ 10^6 \text{ mm}^3$$

$$W_{1t} = 2 A^* \cdot e = 2 \cdot 110.400 \cdot 20 = 4,416 \cdot 10^6 \text{ mm}^3$$

$$A^* = (500 - 20)(250 - 20) = 110.400 \text{ mm}^2$$

$$\sigma = \sqrt{\left(\frac{M_{1b}}{W_{1b}}\right)^2 + 3\left(\frac{M_{1t}}{W_{1t}}\right)^2} =$$

$$= \sqrt{\left(\frac{55.405,76 \cdot 10}{3,6 \cdot 10^6 \cdot 10^{-9}} \text{N m / m}^3\right)^2 + 3\left(\frac{16.443 \cdot 10}{4,416 \cdot 10^6 \cdot 10^{-9}} \text{N} \cdot \text{m / m}^3\right)^2}$$

$\sigma = 166,87$ MPa $<$ 260 MPa $\quad C_s = 1,55$ Bien.

9.2. Cálculo de los postes: Al suponer $I_b = I_h$

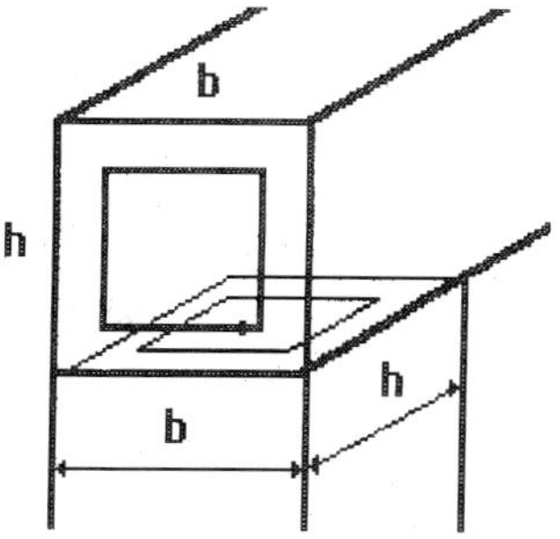

$$M_{1h} = \frac{3}{8}\,\frac{P \cdot b}{3 + 2 \cdot (I_b / I_h) \cdot (h / b)} =$$

$$= \frac{3}{8}\,\frac{P \cdot b}{3 + 2 \cdot (h / b)} = \frac{3}{8}\,\frac{32.886 \cdot 10}{3 + 2 \cdot (8/10)} = 26.809{,}23 \text{ daN} \cdot \text{m}$$

$$M_{2h} = \frac{P \cdot l}{2} = \frac{32.886}{2} \cdot 0{,}5 = 8221{,}5 \text{ daN} \cdot \text{m}$$

$$I_{2h} = \frac{1}{12}(500 \cdot 250^3 - 460 \cdot 210^3) = 2{,}96 \cdot 10^8 \text{ mm}^4$$

$$\frac{P}{2A} = \frac{32.886 \cdot 10}{2 \cdot 28.400 \cdot 10^{-6}} = 5{,}78 \text{ MPa}$$

$$S = \frac{M_{1h}}{W_{1h}} + \frac{M_{2h}}{W_{2h}} + \frac{P}{2A} =$$

$$= \frac{26.809{,}23 \cdot 10}{3{,}6 \cdot 10^{-3}}\,\frac{\text{N} \cdot \text{m}}{\text{m}^3} + \frac{8.221{,}5 \cdot 10}{2{,}36 \cdot 10^{-3}}\,\frac{\text{N} \cdot \text{m}}{\text{m}^3} + 5{,}78 \text{ MPa} = 115{,}08 \text{ MPa}$$

$S = 115{,}08 \text{ MPa} < 260 \text{ MPa} \Longrightarrow C_s = 2{,}25$

Como la estructura es válida y tenemos las dimensiones de los perfiles, ya podemos calcular la potencia de traslación del carro.

$$b = 0{,}5 - \frac{0{,}250}{2} = 0{,}375 \text{ m}$$

$$R_h = 2\,\frac{b}{a}\,(G_2 + G_1) = 2\,\frac{0{,}375}{0{,}5}\,(30.810 + 2.076) = 49.329 \text{ N}$$

$$F = (G_2 + G_1 + R_h) \cdot W =$$

$$= (30.810 + 2.076 + 49.329) \cdot 7 = 82.215 \cdot 7 = 575.505 \text{ N}$$

$$P_{\text{tras carro}} = \frac{F \cdot v_{\text{tras carro}}}{4{,}5 \cdot 10^6 \cdot 0{,}85} = \frac{575.505 \cdot 40}{4{,}5 \cdot 10^6 \cdot 0{,}85} = 6{,}01 \text{ CV}$$

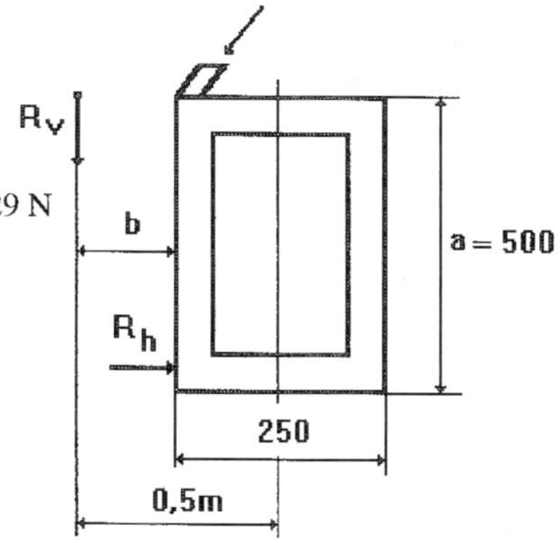

Tabla B 8.3 $\Longrightarrow$ Motor de 10 CV

10. Mecanismos de traslación : (Ruedas del carro y del pórtico)

10.1. Paquete de rodadura del pórtico:

$$d_{\text{rueda}} \geq \frac{Q_R}{P_{adm} \cdot C_2 \cdot C_3 \cdot (K - 2\,r_1)}$$

Sea el carril, un Burbach A-120 $\Longrightarrow$ K- 2 r_1 = 100 mm
Sea la P_{adm} de 7 N/mm^2

Suponiendo una duración del mecanismo de rodadura del 50% $\Longrightarrow C_3 = 0,9$

$v_{\text{tras pórtico}} = 80$ m/min

Supongamos una rueda de 400 mm $\Longrightarrow C_2\,(v_{tras} = 80 \text{ m/min}) = 0,91$

La carga por rueda se obtiene en el caso más desfavorable, que es cuando el carro está en un extremo del pórtico.

$$Q_R = \frac{Q_{estructura}}{2\,n} + \frac{Q_T}{n} = \frac{40.000}{2\,n} + \frac{32.886}{n}$$

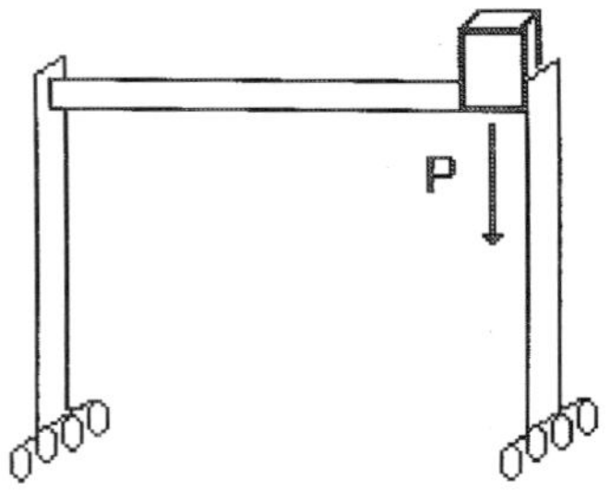

Siendo: n = Número de ruedas

$$400 \geq \frac{\left(\frac{20.000}{n} + \frac{32.886}{n}\right) \cdot 10}{7 \cdot 0,91 \cdot 0,9 \cdot 100} = \frac{\frac{528.860}{n}}{573,3}$$

$$n \geq \frac{528.860}{573,3 \cdot 400} = 2,3 \qquad \text{Por tanto:} \quad n = 3$$

10.2. Paquete de rodadura del carro:

En este caso, se busca la rueda más solicitada, es decir, la que soporta una carga mayor

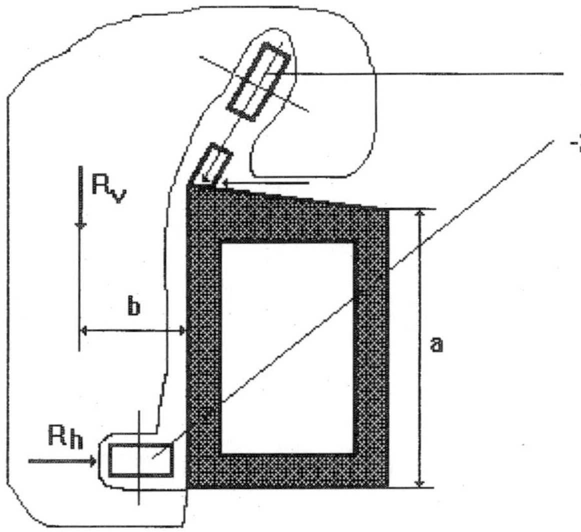

$$R_v = G_2 + G_1 = 30.810 + 2076 = 32.886 \text{ daN}$$

$$R_h = \frac{b}{a}\,(G_2 + G_1) = \frac{0,375}{0,5}\,(32.886) = 24.664,5 \text{ daN}$$

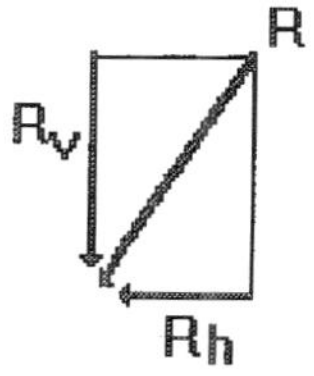

Sobre la rueda superior se componen:

$$R = \sqrt{R_v^2 + R_n^2} = \sqrt{32.886^2 + 24.664,5^2} = 41.107,5 \text{ daN}$$

Como hay dos ruedas:

$$Q_{rueda} = \frac{41.107,5}{2} = 20.553,75 \text{ daN}$$

Sea un llantón de 60 × 40:

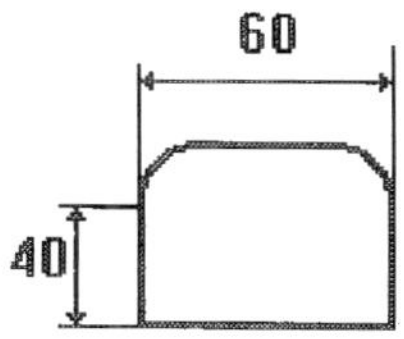

$K - 2\,r_1 = 60 - 2 \cdot 2 = 56$ mm ; la P_{adm} es de 7 N/mm² y $C_3 = 0,9$

Probamos una rueda de d = 315 mm ⟹ C_2 (v_{tras} = 40 m/min) = 0,97

$$315 \geq \frac{20.553,75 \cdot 10}{7 \cdot 0,97 \cdot 0,9 \cdot 56} = 600,6 \quad \Rightarrow \text{No es válida}$$

Probamos con una rueda de diámetro 630 mm:

$$630 \geq \frac{20.553,75 \cdot 10}{7 \cdot 0,97 \cdot 1,06 \cdot 56} = 509,94 \text{ mm} \quad \Rightarrow \text{Esta si es válida}$$

EJERCICIO B 12.1

ENUNCIADO: Dimensionar la grúa consola de la figura. El cable tiene una resistencia de 180 Kg/mm². El aparato posee una frecuencia aproximada igual de cargas pequeñas, medianas y máximas, y se le estima una duración del mecanismo de 12500 horas. Realizar los cálculos teniendo en cuenta que existe rodadura

DATOS:

$Q_u = 3.000$ daN	$v_{elev} = 4$ m / min	$P_{adm} = 4$ N / mm^2
$Q_{estructura} = 1.000$ daN	$v_{tras\ estruct} = 10$ m / min	K-2 $r_1 = 40$ mm
$Q_{carro} = 200$ daN	$v_{tras\ carro} = 4$ m / min	$\eta = 0{,}85$

HIPÓTESIS:

1 ramal $\quad C_S = 2 \quad C_2 = C_3 = 1$

$d_{ejes\ de\ la\ rueda\ del\ carro} = 80$ mm $\quad d_{ejes\ de\ la\ rueda\ de\ la\ grua} = 70$ mm

Coeficiente de fricción entre el eje y la rueda: $0{,}08 = \mu$

f = 0,5 mm (Brazo de rodadura ; distancia rueda - eje)

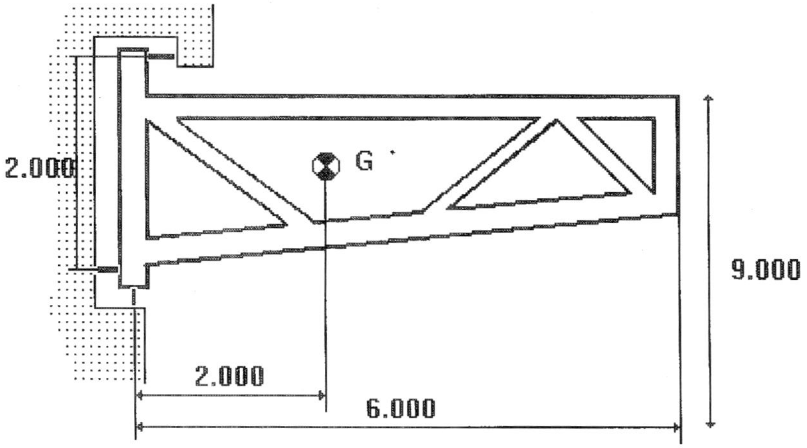

Figura BE 12.1. Esquema de la grúa consola.

SOLUCIÓN:

1. Gancho:

$Q_u = 3.000$ daN $\Longrightarrow$ Tabla B 1.1. Q = 4 T $\Longrightarrow Q_g = 14$ daN

2. Cable:

Grupo M7 (Resistencia 180 Kg/mm²) $\Longrightarrow K_C = 0{,}335$

$d_{cable} = K_C \cdot \sqrt{S} = 0{,}335 \cdot \sqrt{3.014 / 1} = 18{,}39$ mm $\Longrightarrow d_{cable} = 19$ mm (Tabla B 5.4.)$\Longrightarrow$ paso = 22

3. Tambor:

(Tabla B 3.8.) $\Longrightarrow h_1 = 22{,}4$

(Figura B 3.12.) $\Longrightarrow h_2 = 1$

$d_{Tambor} = d_{cable} \cdot h_1 \cdot h_2 = 19 \cdot 22{,}4 \cdot 1 = 425{,}6$ mm $\Longrightarrow d_{tambor} = 500$ mm

$\sigma = 160$ MPa $\Longrightarrow$ Tabla B 5.6. ($d_{Tambor} = 500$ mm ; $S = 3.014 \approx 4.000$ daN)

Espesor de la pared $\Longrightarrow h = 8$ mm

$$\text{N° de espiras} = \frac{\text{Longitud del cable}}{\pi \cdot d_{tambor}} = \frac{9.000}{\pi.500} = 5{,}72 \approx 6 \text{ espiras}$$

N° de espiras totales = 6 + 3 = 9 espiras

Longitud del tambor = N° espiras · paso = 9 · 22 = 198 mm

Longitud del tambor = 250 mm

Suponemos que los pesos de gancho y tambor , son despreciables para calcular la estructura

4. Estructura:

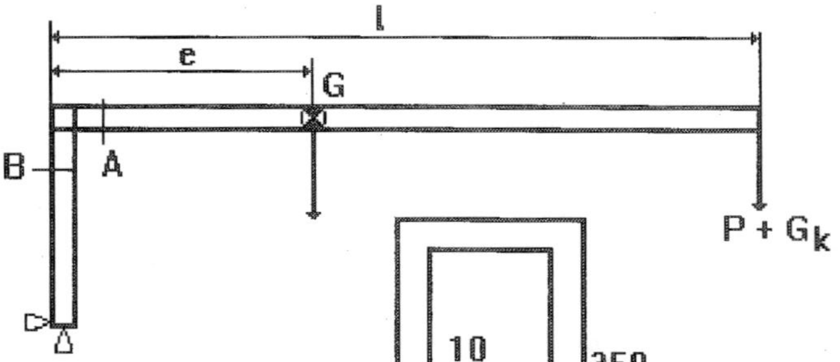

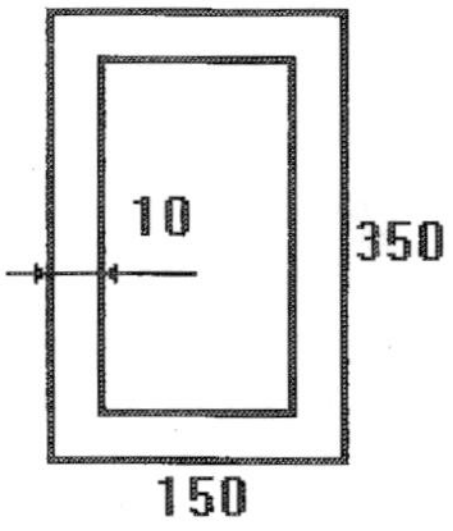

$Q_u = P = 3.000$ daN

$Q_{estructura} = G = 1.000$

$Q_{carro} = G_K = 200$ daN

$$\sigma_{\text{flexion A}} = \frac{(P + G_K) \cdot l + G \cdot e}{2 \cdot W_X} = \frac{3.200 \cdot 6.000 + 1.000 \cdot 2.000}{2 \cdot W_X}$$

$I = (1 / 12) \cdot (b_{ext} \cdot h_{ext}^3 - b_{int} \cdot h_{int}^3) = 146{,}62 \cdot 10^6$ mm⁴

$W_X = 837.828{,}57$ mm³ $\qquad A_C = 7000$ mm²

$\sigma_{adm} = 26$ daN / mm² ($C_S = 2$) $\Longrightarrow \sigma_{adm} = 13$ daN / mm²

$$\sigma_{fA} = \frac{10{,}6 \cdot 10^6}{W_x} = 12{,}65 < \sigma_{adm} \Longrightarrow \text{(Válido)}$$

$$\sigma_{\text{flexión B}} = \frac{(P+G_K)\cdot l + G\cdot e}{2\cdot W_x} + \frac{P+G_K+G}{2\cdot A_C} = \frac{10{,}6\cdot 10^6}{W_X} + \frac{2.100}{A_C}$$

$$\sigma_{\text{flexión B}} = 12{,}65 + 0{,}3 = 12{,}95 < \sigma_{adm} \Rightarrow \text{(Válido)}$$

5. Potencia de elevación:

$$Q = Q_u + Q_g = 3.000 + 14 = 3.014 \text{ daN}$$

$$P = \frac{Q\cdot v_e}{4500\cdot\eta} = \frac{3.014\cdot 4}{4500\cdot 0{,}85} = 3{,}15 \text{ CV} \Rightarrow \text{Tabla B 8.3} \Rightarrow 5{,}5 \text{ CV}$$

6. Potencia de traslación del carro:

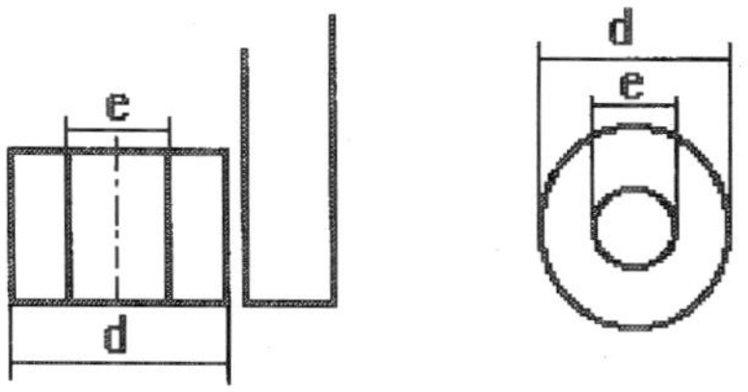

$$Q = Q_u + Q_g + Q_K = 3.000 + 14 + 200 = 3.214 \text{ daN}$$

$$P = \frac{Q\cdot W\cdot v_{tras}}{4{,}5\ 10^6\cdot\eta} = \frac{3214\cdot 7\cdot 4}{4{,}5\ 10^6\cdot 0{,}85} = 0{,}023 \text{ CV}$$

$e = 80$ mm ; $d = 200$ mm ; $f = 0{,}5$ mm ; $\mu = 0{,}08$; $\eta = 0{,}85$

$$W = \frac{f + \mu\cdot(e/2)}{d_{rueda}/2}$$

$$P = \frac{Q}{4{,}5\ 10^6\cdot\eta}\cdot\left(\frac{f+\mu\cdot(e/2)}{d_{rueda}/2}\right)\cdot v_{tras} = \frac{3.214\cdot 10}{4{,}5\ 10^6\cdot 0{,}85}\cdot\frac{(0{,}5+0{,}8\cdot(80/2))\cdot 10^3}{d_{rueda}/2}\cdot 4$$

- Ruedas del carro:

$$d = 200 \geq \frac{Q_R}{P_{adm}\cdot C_2\cdot C_3\cdot(k-2\pi)} = \frac{(3.214\cdot 10)/4}{4\cdot 1\cdot 1\cdot 40} = 50{,}2 \text{ mm}$$

$$P = \frac{3.214}{4{,}5\ 10^6\cdot 0{,}85}\cdot\frac{(0{,}5+0{,}08\cdot(80/2))\cdot 10^3}{200/2}\cdot 4 = 0{,}12 \text{ CV} \approx 1 \text{ CV}$$

7. Potencia de traslación de la estructura: Si se considera que todas las ruedas (2 verticales y 4 horizontales) son iguales, la potencia se calcula de manera directa. Teniendo en cuenta que; $P = 3000$ daN; $l = 6.000$ mm; $G_K = 200$ daN; $e = 2.000$ mm; $G = 1000$ daN; $h = 2.000$ mm

$$P_{tras} = \frac{F\cdot W\cdot v_{tras}}{4{,}5\cdot 10^6\cdot\eta}$$

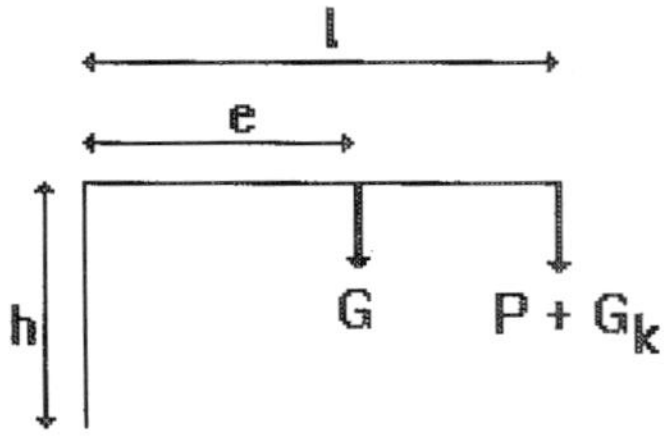

$$F = P + G_K + G + \frac{2 \cdot [(P + G_K) \cdot l + G \cdot e]}{h} = 4.200 + \frac{2 \cdot [3200 \cdot 6000 + 1000 \cdot 2000]}{2.000} = 14.800 \text{ daN}$$

Como $d_{\text{ejes de la rueda de la grúa}} = 70$ mm

Suponemos un reparto equitativo por rueda: $Q_R = 14.800/6 = 2466{,}66$ daN

Con lo que el diámetro de la rueda queda:

$$d_R = \frac{Q_R}{P_{adm} \cdot C_2 \cdot C_3 \cdot (K - 2r_1)} = \frac{24666{,}6}{4 \cdot 1 \cdot 1 \cdot 40} = 154{,}1$$

$$W = \frac{f + \mu \cdot (e/2)}{d_{rueda}/2} = \frac{0{,}5 + 0{,}08 \cdot (70/2)}{155/2} = 0{,}042 \text{ Kg/Kg} = 42 \text{ Kg/T}$$

$$P_{tras} = \frac{F \cdot W \cdot v_{tras}}{4{,}5 \cdot 10^6 \cdot \eta} = \frac{14.800 \cdot W \cdot 10}{4{,}5 \cdot 10^6 \cdot \eta} = \frac{14.800 \cdot 42 \cdot 10}{4{,}5 \cdot 10^6 \cdot 0{,}85} = 1{,}625 \text{ CV}$$

Hay que calcular la reacción que va a cada rueda para evaluar la rodadura.

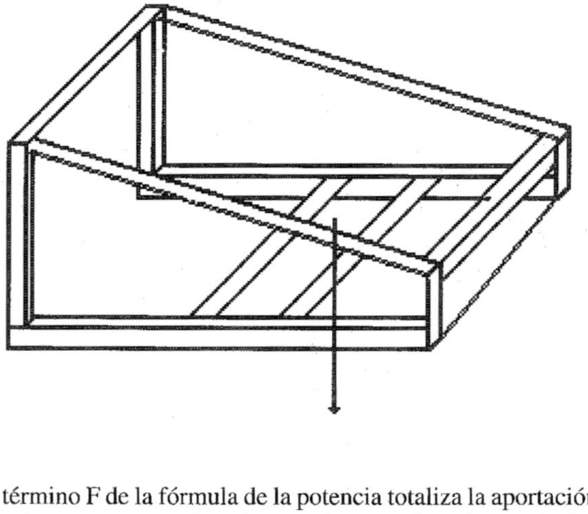

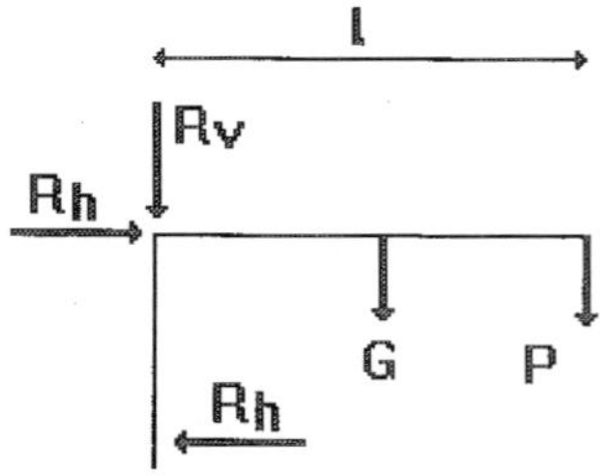

El término F de la fórmula de la potencia totaliza la aportación de todas las reacciones de las ruedas. Teniendo en cuenta que la grúa consola posee 2 ruedas verticales y 4 horizontales, el reparto total de carga queda:

$$F = 2\cdot[F_V] + 4\cdot[F_H] = 2\cdot[P/2 + G_K/2 + G/2] + 4\cdot\left(\left(P/2 + G_K/2\right)\cdot l + G/2\cdot e\right)/h$$

Pero como la estructura es simétrica se puede poner como:

$$F = [F_V] + 2\cdot[F_H] = [P + G_K + G] + 2\cdot\left(\left(P + G_K\right)\cdot l + G\cdot e\right)/h = 4.200 + 10.600$$

es decir: $F_V = 4.200$ daN y $F_H = 5.300$ daN

Teniendo en cuenta que $d_{\text{ejes de la rueda de la grúa}} = 70$ mm, el diámetro de la rueda queda:

$$d_{RV} = \frac{Q_R}{P_{adm}\cdot C_2\cdot C_3\cdot(K-2r_1)} = \frac{42000/2}{4\cdot 1\cdot 1\cdot 40} = 131{,}25 \text{ mm}$$

$$d_{RH} = \frac{Q_R}{P_{adm}\cdot C_2\cdot C_3\cdot(K-2r_1)} = \frac{53000/2}{4\cdot 1\cdot 1\cdot 40} = 165{,}62 \text{ mm}$$

$$W_V = \frac{f+\mu\cdot(e/2)}{d_{rueda}/2} = \frac{0{,}5+0{,}08\cdot(70/2)}{131{,}25/2} = 0{,}0502 \text{ Kg/Kg} = 50{,}2 \text{ Kg/T}$$

$$W_H = \frac{f+\mu\cdot(e/2)}{d_{rueda}/2} = \frac{0{,}5+0{,}08\cdot(70/2)}{165{,}62/2} = 0{,}0398 \text{ Kg/Kg} = 39{,}8 \text{ Kg/T}$$

$$P_{tras} = \frac{\left(2\cdot F_V\cdot W_V + 4\cdot F_H\cdot W_H\right)\cdot v_{tras}}{4{,}5\cdot 10^6\cdot\eta} = \frac{\left(2\cdot 2100\cdot 50{,}2 + 4\cdot 2650\cdot 39{,}8\right)\cdot 10}{4{,}5\cdot 10^6\cdot 0{,}85} = 1{,}65 \text{ CV}$$

EJERCICIO B 12.2

ENUNCIADO: La grúa consola de la figura , se quiere implantar en una nave , existiendo 3 posibilidades constructivas: 1°) a = 1.000 mm. 2°) a = 2.000 mm, 3°) a = 3.000 mm. Elegir la posibilidad adecuada si es que existe.

DATOS:

$P_{adm} = 4$ N / mm²		Potencia de traslación = 8 CV	
$C_2 = C_1 = 1$		Velocidad de traslación = 80 m / min	
$\mu = 0{,}08$		Rendimiento de la transmisión = 0,85 %	
Ruedas horizontales:	$\varnothing = 400$ mm	Ruedas verticales:	$\varnothing = 250$ mm
	$K\text{-}2r_1 = 55$ mm		$K\text{-}2r_1 = 45$ mm

HIPÓTESIS:

- La estructura , no presenta problemas de resistencia.
- El peso de las vigas en voladizo y del mecanismo de elevación es despreciable.
- El peso de la viga vertical es de 100 daN/m cada una.
- Al calcular las cargas por rueda, se aplicará un coeficiente de seguridad de 2 por la frenada

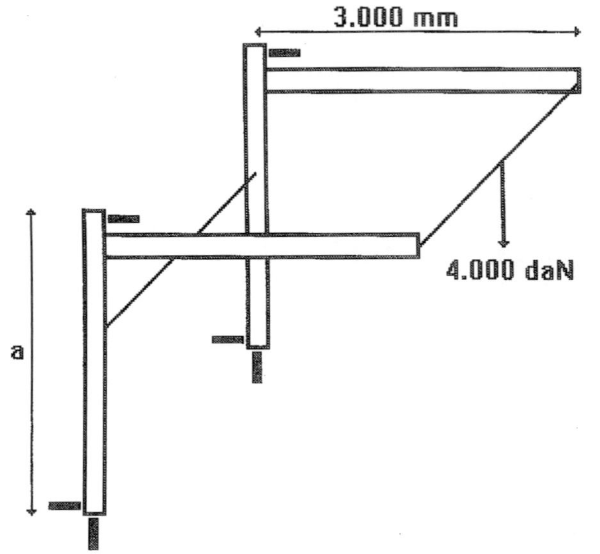

SOLUCIÓN:

Se puede pasar a dos dimensiones. Se realizará un cálculo de potencia y de ruedas:

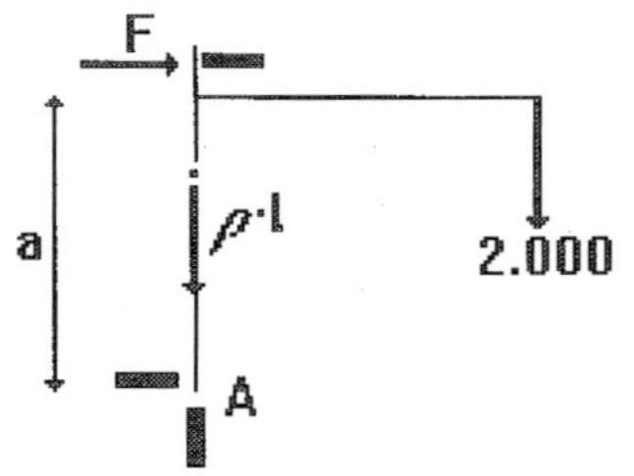

Qu= = 2.000 daN
Qg= 100·1 = 100 daN

Q = = 2.100 daN

- Caso 1º:

$\sum M_A = 0 = 2.000 \cdot 3.000 - a \cdot F \Longrightarrow F = (2.000 \cdot 3.000) / a = 6.000 \text{ daN} \qquad (a = 1.000 \text{ mm})$

$$D \geq \frac{Q_R}{P_{adm} \cdot C_2 \cdot C_3 \cdot (K - 2\, r_1)}$$

- Horizontales:

$$400 \geq \frac{6.000 \cdot 10}{4 \cdot 1 \cdot 1 \cdot 55} = 272{,}72 \text{ mm} \quad C_s = 2 \Longrightarrow 272 \cdot 2 = 544 \text{ mm (No es válido, pues } 400 < 544)$$

- Verticales:

$$250 \geq \frac{2.100 \cdot 10}{4 \cdot 1 \cdot 1 \cdot 45} = 116{,}66 \text{ mm} \quad C_s = 2 \Longrightarrow 116{,}66 \cdot 2 = 233{,}33 \text{mm (Válido)}$$

- Caso 2º:

Carga vertical = 2.000 + 100·2 = 2.200 daN

Carga horizontal = (2.000 · 3.000) / 2.000 = 3.000 daN

Rueda vertical: $250 \geq \frac{22.000}{4 \cdot 1 \cdot 1 \cdot 55} \cdot 2 = 244$ mm (Válido)

Rueda horizontal: $400 \geq \frac{30.000}{4 \cdot 1 \cdot 1 \cdot 55} \cdot 2 = 272{,}72$ mm (Válido)

- Caso 3º:

Carga vertical = 2.000 + 100·3 = 2.300 daN

Carga horizontal = (2.000 · 3.000) / 3.000 = 2.000 daN

Rueda vertical: $250 \geq \frac{23.000 \cdot 2}{4 \cdot 1 \cdot 1 \cdot 45} = 255{,}55$ mm (No es Válido, pues 255,55 > 250)

Rueda horizontal: $400 \geq \frac{20.000 \cdot 2}{4 \cdot 1 \cdot 1 \cdot 55} = 181{,}81$ mm (Válido)

El único caso posible es el caso 2º $\Longrightarrow$ Analicemos la potencia necesaria.

$$W_H = \frac{[f + \mu \cdot (e/2)]}{D_H/2} = \frac{0{,}5 + 0{,}08 \cdot (70/2)}{400/2} = 0{,}0165 \text{ Kg / Kg} = 16{,}5 \text{ Kg / T}$$

$$W_V = \frac{[f + \mu \cdot (e/2)]}{D_V/2} = \frac{0{,}5 + 0{,}08 \cdot (70/2)}{250/2} = 0{,}0264 \text{ Kg / Kg} = 26{,}4 \text{ Kg / T}$$

$$P = \frac{(2 \cdot F_V \cdot W_V + 4 \cdot F_H \cdot W_H) \cdot v_t}{4{,}5\ 10^6 \cdot \eta}$$

$$P = \frac{(2 \cdot 2.200 \cdot 26{,}4 + 4 \cdot 3.000 \cdot 16{,}4) \cdot 80}{4{,}5\ 10^6 \cdot 0{,}85} = 6{,}54 \text{ CV} > 6 \text{ CV}$$

Como la potencia necesaria es mayor de la que se dispone, este caso tampoco es válido.

Realizando el cálculo considerando la rodadura igual en todas las ruedas se tiene:

$$F = 2 \cdot F_V + 4 \cdot F_H = 2 \cdot 2.200 + 4 \cdot 3.000 = 4.400 + 12.000 = 16.400 \text{ daN}$$

Suponiendo W = 20 Kg/T

$$P = \frac{F \cdot W \cdot v_t}{4{,}5 \cdot 10^2 \cdot \eta} = \frac{F \cdot W \cdot v_t}{4{,}5 \cdot 10^6 \cdot \eta} = \frac{16.400 \cdot 20 \cdot 80}{4{,}5 \cdot 10^6 \cdot 0{,}85} = 6{,}86 \text{ CV} > 6 \text{ CV}$$

Como se puede ver en este caso, el resultado es prácticamente el mismo.

EJERCICIO B 13.1

ENUNCIADO: Calcular la grúa giratoria de la figura. La grúa de la figura posee el mecanismo de elevación anclado en la columna. ¿Es posible anclarlo en el carro? El cable tiene una resistencia de 180 Kg/mm^2. El aparato posee una frecuencia aproximada igual de cargas pequeñas, medianas y máximas, y se le estima una duración del mecanismo de 6.300 horas.

DATOS:

$h_i = 22$ mm	$Q_u = 4.500$ daN	$Q_{pluma} = Q_{p\ propio} + 10\%\ Q_{p\ propio}$
$h_S = 22$ mm	$Q_{carro} = 100$ daN	$Q_{columna} = 500$ daN
$d_i = 50$ mm	$v_{elev} = 25$ m/min	1 ramal
$d_S = 50$ mm	$v_{tras} = 80$ m/min	Alcance = 4.000 mm
$\eta_t = 85\%$	n (rpm) = 1,5	e = 2.000 mm
$\eta = 95\%$	$\mu_{casquillo} = 0,1$	
$\sigma = 160$ MPa	W = 20	

HIPÓTESIS: Peso reductor motor elevación ≈ Peso motor elevación. Motor de traslación = 2 CV (Peso despreciable)

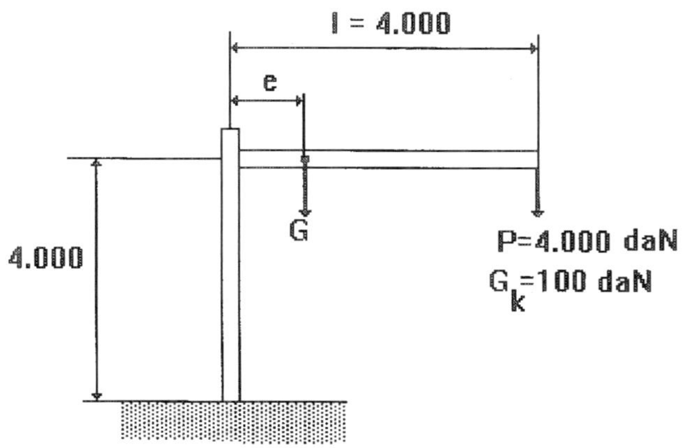

SOLUCIÓN:

1. Gancho:

$Q_u = 4.500$ daN (Tabla B 1.1.) $\Longrightarrow Q_{gancho} = 20$ daN

$Q_{total} = Q_{útil} + Q_{gancho} = 4.500 + 20 = 4.520$ daN

2. Cable:

Clasificación (Tabla B 2.17.) $\Longrightarrow$ Grupo M6 $\Longrightarrow$ $K_C = 0{,}315$

$d_{cable} = K_C \sqrt{S}$ $\quad$ $S = Q_{Total} / \eta\, n_r$ $\quad$ (Esfuerzo por ramal)

$$d_{cable} = K_c \sqrt{\frac{Q_{total}}{n^o \text{ de ramales } \eta}} = 0{,}315 \sqrt{\frac{4.520}{1 \cdot 1}} = 21{,}17 \approx 22 \text{ mm}$$

$d_{cable} = 22$ mm (Tabla B 5.4.) $\quad$ paso = s = 25 mm

3. Tambor:

(Tabla B 3.8.) $\Longrightarrow$ $h_1 = 20$

(Figura B 3.12.) $\Longrightarrow$ $h_2 = 1$

$d_{Tambor} = d_{cable} \cdot h_1 \cdot h_2 = 22 \cdot 20 \cdot 1 = 440$ mm

$\sigma = 160$ MPa $\Longrightarrow$ Tabla B 5.6. ($d_{Tambor} = 400$ mm ; $S = 4520 \approx 5.000$ daN)

Espesor de la pared $\Longrightarrow$ h = 9 mm

A) Mecanismo de elevación anclado en la columna;

$$N^o \text{ espiras} = \frac{\text{Longitud del cable}}{\pi \cdot d_{tambor}} = \frac{8.000}{\pi \cdot 500} = 5{,}09 \approx 6$$

Nº espiras totales = 6 + 3 = 9

Longitud = Nº de espiras · paso = 9·25 = 225 mm $\Longrightarrow$Tomamos como longitud = 275 mm

Peso = $1{,}1 \cdot \pi \cdot (r^2_{ext} - r^2_{int}) \cdot 1 \cdot \rho = 32{,}7$ daN

B) Mecanismo de elevación en el carro;

$$N^o \text{ espiras} = \frac{\text{Longitud del cable}}{\pi \cdot d_{tambor}} = \frac{4.000}{\pi \cdot 500} = 2{,}54 \approx 3$$

Nº espiras totales = 3 + 3 = 6

Longitud = Nº de espiras · paso = 6·25 = 150 mm $\Longrightarrow$Tomamos como longitud = 200 mm

Peso = $1.1 \cdot \pi \cdot (r^2_{ext} - r^2_{int}) \cdot 1 \cdot \rho = 23{,}8$ daN

4. (A) Estructura: (Mecanismo de elevación anclado en la columna)

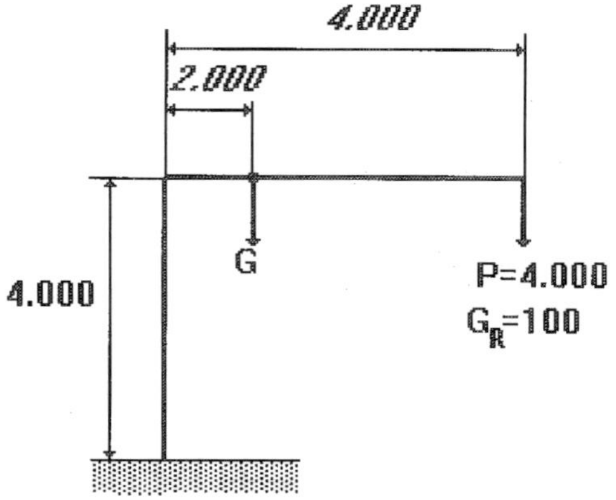

4. (A)1.Pluma:

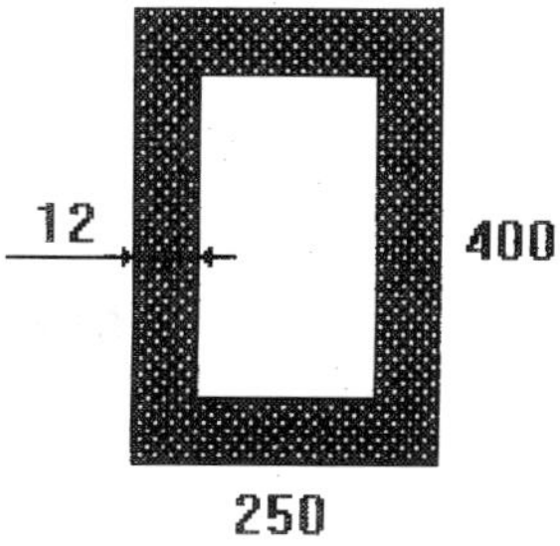

$$I = \frac{1}{12} \cdot b \cdot h^3 = 332.202.752 \text{ mm}^4$$

$$W_x = 1.661.013,76 \text{ mm}^3$$

$$\sigma_A = \frac{(Q_u + Q_{carro}) \cdot l + Q_{pluma} \cdot e}{W_x}$$

$Q_{p\ propio} = (400 \cdot 250 - (400 - 24) \cdot (250 - 24)) \cdot 4.000 \cdot 7{,}8 = 468{,}75$ daN

$Q_{pluma} = 468{,}75 + 10\% = 562{,}5$ daN

$$\sigma_A = \frac{(4.500 + 100) \cdot 4.000 + 562{,}5 \cdot 2.000}{1.661.013{,}76} = 11{,}75 < 13 \text{ daN/mm}^2 \Rightarrow C_s = 2{,}21$$

4. (A).2.Soportes:

$$H = \frac{(Q_u + Q_{carro}) \cdot l + Q_{pluma} \cdot e}{h} = \frac{(4.520 + 100) \cdot 4.000 + 562{,}5 \cdot 2.000}{4.000} = 4901{,}25 \text{ daN}$$

$V = Q_u + Q_{carro} + Q_{pluma} + Q_{col} + Q_{mec\ elev} = 4.500 + 562{,}5 + 500 + ? = ?$ daN

4. (A).2.1.Potencia de elevación:

$$P_{elev} = \frac{(Q_u + Q_g) \cdot v_{elev}}{4.500 \cdot \eta_t} = \frac{(4.500 + 20) \cdot 25}{4.500 \cdot 0{,}85} = 29{,}54 \text{ CV} \Rightarrow 30 \text{ CV (peso = 305 daN)}$$

$Q_{Motor\ de\ 30\ CV} = 305$ daN

$$Q_{Reductor} = \frac{57 \cdot 305}{100} = 173{,}85 \text{ daN}$$

$Q_{mec\ elev} = Q_{motor} + Q_{reductor} + Q_{tambor} = 305 + 173{,}85 + 32{,}7 = 511{,}55$ daN

$V = Q_u + Q_{carro} + Q_{pluma} + Q_{col} + Q_{mec\ elev} = 4.500 + 100 + 562{,}15 + 500 + 511{,}55 = 6.187{,}5$ daN

$$W_S = \frac{\pi \cdot d_s^3}{32} = \frac{\pi \cdot 50^3}{32} = 12.271{,}85 \text{ mm}^3$$

$$W_i = \frac{\pi \cdot d_i^3}{32} = \frac{\pi \cdot 50^3}{32} = 12.271{,}85 \text{ mm}^3$$

$$\sigma_{Sup} = \frac{H \cdot h_S}{W_S} = 8{,}78 \text{ daN / mm}^2 \qquad \Rightarrow \text{BIEN}$$

$$\tau_{Inf} = \frac{H \cdot h_i}{W_i} + \frac{V}{\pi \cdot d_i^2 / 4} = 11{,}93 \text{ daN / mm}^2 \qquad \Rightarrow \text{BIEN}$$

4. (A).2.2.Potencia de traslación:

$$P_{tras} = \frac{R \cdot v_{tras}}{4,5 \cdot 10^6 \cdot \eta_t}$$

$R = W_1 + W_2$ $\qquad$ $P = Q_u + Q_g = 4.520$ daN $\qquad$ $\eta = 0,95$

$$W_1 = \frac{P \cdot (1-\eta^3)}{\eta \cdot (1+\eta)} = 347,99$$

$$W_2 = (P + Q_{carro}) \cdot W = (4.520 + 100) \cdot 20 = 92.400 \implies R = 92.747,99 \text{ daN}$$

$$P_{tras} = \frac{92.747,99 \cdot 80}{4,5 \cdot 10^6 \cdot 0,85} = 1,93 \text{ CV} < 2 \text{ CV} \qquad \implies \text{BIEN}$$

4. (B).Estructura: (Mecanismo de elevación en el carro)

4. (B).1.Pluma:

$$Q_{mec\ elev} = Q_{motor} + Q_{reductor} + Q_{tambor} = 305 + 173,85 + 23,8 = 502,65 \text{ daN}$$

$$\sigma_A = \frac{(Q_{u+g} + Q_{carro} + Q_{mec\ elev}) \cdot l + Q_{pluma} \cdot e}{Wx}$$

$$\sigma_A = \frac{(4.520 + 100 + 502,65)\ 4.000 + 562,15 \cdot 2.000}{1.661.013,76} = 12,99 \text{ daN / mm}^2$$

$\sigma_A = 12,99 < 13$ daN/mm² $\implies$ BIEN

4. (B).2.Soportes:

$$H = \frac{(Q_{u+g} + Q_{carro} + Q_{mec\ elev}) \cdot l + Q_{pluma} \cdot e}{h} = 5.403,6 \text{ daN}$$

$$V = V = Q_u + Q_{carro} + Q_{pluma} + Q_{col} + Q_{mec\ elev} = 6.184,8 \text{ daN}$$

$$\left.\begin{aligned} \sigma_{Sup} &= \frac{H \cdot h_S}{W_S} = 10,03 \text{ daN / mm}^2 \\ \sigma_{Inf} &= \frac{H \cdot h_i}{W_i} + \frac{V}{\pi \cdot d_i^2 / 4} = 13,17 \text{ daN / mm}^2 \end{aligned}\right\} > 13 \text{ daN/mm}^2 \implies \text{NO ES VÁLIDO}$$

4. (B).2.1.Potencia de traslación:

$$P_{tras} = \frac{(Q_{u+g} + Q_{carro} + Q_{mot\ elev}) \cdot v_{tras} \cdot W}{4,5 \cdot 10^6 \cdot \eta} = \frac{(4.520 + 100 + 502,65) \cdot 80 \cdot 20}{4,5 \cdot 10^6 \cdot 0,85} = 2,14 \text{ CV} > 2 \text{ CV}$$

$\implies$ NO ES VÁLIDO

EJERCICIO B 14.1

ENUNCIADO: Calcular la grúa giratoria de plataforma cuyas dimensiones se muestran en la figura. El cable tiene una resistencia de 180 Kg/mm². El aparato posee una frecuencia aproximada igual de cargas pequeñas, medianas y máximas, y se le estima una duración del mecanismo de 6300 horas.

DATOS: $\mu_a = 0{,}0075$; $\mu_c = 0{,}08$; $\mu_b = 0{,}0075$; $v_{elev} = 40$ m/min; n = 1,4 rpm; d = 200 mm; e = 80; f = 0,5 mm

HIPÓTESIS: Despreciamos peso del gancho y las poleas, $\sigma_{tambor} = 160$ MPa, $\eta_{transmisión} = 85\%$

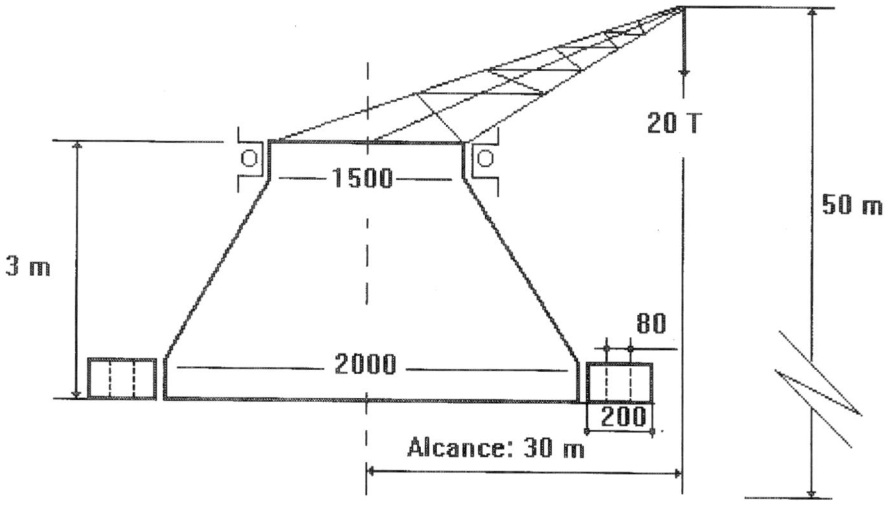

SOLUCIÓN:

1. Gancho:

$Q_u = 20.000$ daN $\Rightarrow Q_g = 160$ daN

$Q_T = Q_u + Q_g = 20.000 + 160 = 20.160$ daN

2. Cable:

Clasificación (Tabla B 2.17.). Grupo M6 ; $K_C = 0{,}315$ (Resistencia = 180 Kg/mm²)

$$S = \frac{Q_T}{n^o \text{ ramales} \cdot \eta} \Rightarrow d_{cable} = K_C \sqrt{Q_T/1} = 0,315\sqrt{20.160} = 44,72 \text{ mm} \rightarrow$$

Es demasiado grande ⟹ Se colocan 2 ramales

$$d_{cable} = K_C \sqrt{Q_T/2 \cdot 0,99} = 0,315 \sqrt{20.160/2 \cdot 0,99} = 31,78 \text{ mm} \rightarrow$$

Para grúas giratorias el diámetro debe estar comprendido entre 5 y 30 mm (Tabla B 2.8.). Sigue siendo demasiado grande , así es que probamos con 4 ramales:

$$d_{cable} = K_C \sqrt{Q_T/4 \cdot \eta_{4 \text{ ramales}}} = 0,315\sqrt{20.160/4 \cdot 0,97}$$

$$d_{cable} = 22,70 \approx 27 \text{ mm (Tabla 6.4)} \quad s = 31 \quad r = 15 \quad a = 3,5$$

3. Tambor:

(Tabla B 3.8.) ⟹ $h_1 = 20$

(Figura B 3.12.) ⟹ $h_2 = 1,12$

$d_{Tambor} = d_{cable} \cdot h_1 \cdot h_2 = 27 \cdot 20 \cdot 1,12 = 604,8$ mm

$\sigma = 160$ MPa ⟹ Tabla B 5.6. ($d_{Tambor} = 700$ mm ; $S = 5.195,8 \approx 6.000$ daN)

Espesor de la pared ⟹ h = 10 mm

Longitud cable = 4· Longitud de elevación = 4·50 = 200 m

$$N^o \text{ de espiras} = \frac{L_{cable}}{\pi \cdot d_{tambor}} = \frac{200.000}{\pi \cdot 700} = 90,94 \approx 91$$

N° de espiras totales = 91 + 3 = 94

Longitud tambor = N° Espiras totales x paso = 94 x 31 = 2.914 mm

4. Polea:

(Tabla B 3.8.) ⟹ $h_1 = 22,4$

(Figura B 3.12.) ⟹ $h_2 = 1,12$

$d_{polea} = D_1 \geq d_{cable} \cdot h_1 \cdot h_2 = 27 \cdot 22,4 \cdot 1,12 = 677,376$ mm

$d_{polea} = 710$ mm ⟹ Polea de rodamiento de bolas. Peso = 88 daN

5. Cálculo de la estructura:

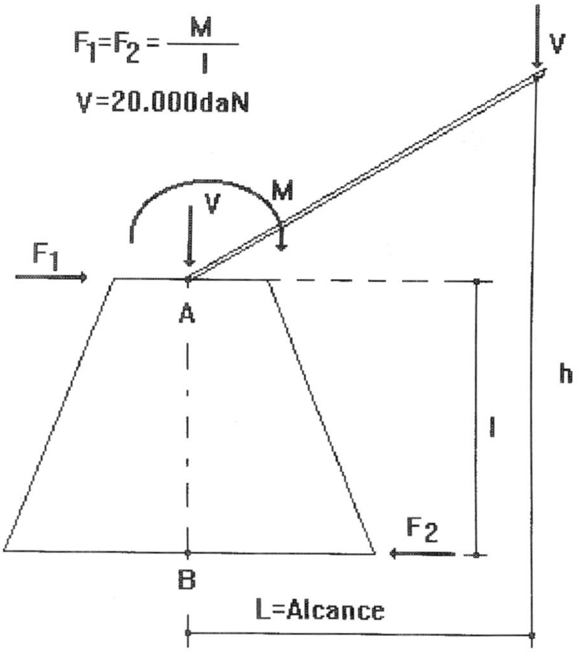

$\sum M_B = 0$ $\quad\quad$ $V \cdot \text{alcance} - F_1 \cdot \text{anclaje} = 0 \Longrightarrow V \cdot L - F_1 \cdot l = 0$

$$F_1 = F_2 = \frac{V \cdot L}{l} = \frac{20.160 \cdot 30}{3} \quad \Longrightarrow \quad F_2 = 201.600 \text{ daN}$$

Cálculo de la sección circular:

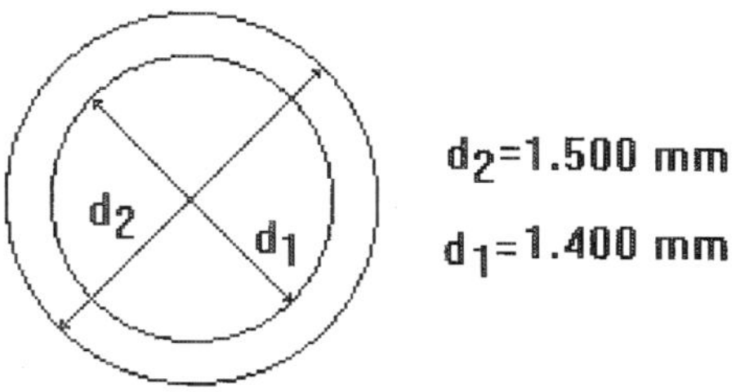

$I = 1/4 \cdot \pi \cdot r^4 \quad\quad r = d/2$

$A = \pi/4 \cdot (d_2^2 - d_1^2) = \pi/4 \cdot 0{,}29 \cdot 10^6 \text{ mm}^2$

$$W = \frac{I}{r} = \frac{\pi \cdot d^3}{32} = \frac{\pi \cdot \left(d_2^3 - \frac{d_1^4}{d_2} \right)}{32} = \frac{\pi}{32} \cdot (1.500^3 - 1.400^4/1500)$$

$$W=\frac{\pi}{32}\cdot(3{,}375\cdot10^9-2{,}561\cdot10^9)=\frac{\pi}{32}\cdot0{,}8139\cdot10^9\ \text{mm}^3$$

$$\sigma_f=\frac{M_F}{W}=\frac{201.600\cdot3.000}{\pi/_{32}\cdot0{,}8139\cdot10^9}=7{,}569\ \text{daN}/\text{mm}^2$$

$$\sigma_t=\frac{V}{A}=\frac{20.160}{\pi/_4\cdot0{,}29\cdot10^6}=0{,}088\ \text{daN}/\text{mm}^2$$

$$\tau_C=\frac{F_l}{A}=\frac{201.600}{\pi/_4\cdot0{,}29\cdot10^6}=0{,}88\ \text{daN}/\text{mm}^2$$

$$\sigma_{\text{equiv A}}=\sqrt{\left(\frac{V}{A_A}+\frac{M}{W_A}\right)^2+3\cdot\left(\frac{F_l}{A_A}\right)^2}=\sqrt{(0{,}088+7{,}569)^2+3\cdot(0{,}88)^2}$$

$$\sigma_{\text{equiv A}}=7{,}8\ \text{daN}/\text{mm}^2$$

$\sigma_{adm}=13$ daN/mm² (7,8 daN/mm² < 13 daN/mm² ⟹ El diseño es válido)

6. Potencia en motores:

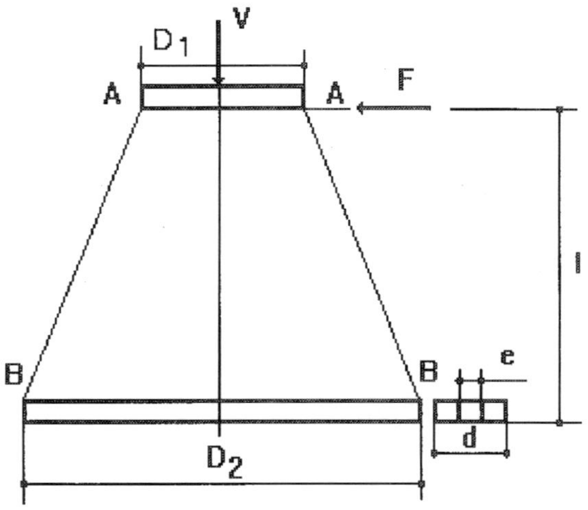

F = Fuerza horizontal

V = Fuerza vertical

f = Anchura rozamiento acero-acero.

μ_c= Coef. roz. entre eje y rodillo

μ_h= Coef. roz. frente a carga horizontal

μ_a= Coef. roz. frente a carga axial

$$M_{superior} = V \cdot \mu_a \cdot r_{superior} + H \cdot \mu_b \cdot r_{superior}$$

$$M_{inferior} = H \cdot \beta \cdot r_{inferior} \qquad \text{con} \quad \beta = \frac{\mu_C \cdot {}^{e}\!/_{2} + f}{{}^{d}\!/_{2}}$$

$$M^V_{AA} = V \cdot \mu_a \cdot D_1/2 = 20.160 \cdot 0{,}0075 \cdot 1.500/2 = 113.400 \text{ daN mm}$$

$$M^F_{AA} = F \cdot \mu_b \cdot D_1/2 = 201.600 \cdot 0{,}0075 \cdot 1.500/2 = 1.134.000 \text{ daN mm}$$

$$M^F_{BB} = \frac{F \cdot \mu_C \cdot e/2}{d/2} \cdot \frac{D_2}{2} = \frac{201.600 \cdot 0{,}08 \cdot 40}{100} \cdot \frac{2000}{2} = 6.451.200 \text{ daN mm}$$

$$M^f_{BB} = \frac{F \cdot f}{d/2} \cdot \frac{D_2}{2} = \frac{201.600 \cdot 0{,}5}{100} \cdot \frac{2.000}{2} = 1.008.000 \text{ daN mm}$$

Potencia de giro a velocidad de régimen:

$$P_{giro} = \frac{\sum M \cdot n}{716{,}2 \cdot \eta}$$

$$\sum M = M^V_{AA} + M^F_{AA} + M^F_{BB} + M^f_{BB} =$$

$$= 113.400 + 1.134.000 + 6.451.200 + 1.008.000 = 8.706.400 \text{ daN mm} = 8.706{,}4 \text{ daN m}$$

$$P_{giro} = \frac{8.706{,}4 \cdot 1{,}4}{716{,}2 \cdot 0{,}85} = 20{,}02 \text{ CV} \approx 25 \text{ CV}$$ (Peso del motor = 285 daN)

Potencia de elevación:

$$P_{elev} = \frac{V \cdot v_{elev}}{4.500 \cdot \eta} = \frac{20.160 \text{ daN} \cdot 40}{4.500 \cdot 0{,}85} = 210{,}8 \text{ CV} \quad 209 \text{ CV} \longrightarrow 210 \text{ CV}$$

7. Cálculo del punto B.

$$A = \frac{\pi}{4} \cdot (d_e^2 - d_i^2) = \frac{\pi}{4} \cdot 0{,}390 \cdot 10^6$$

$$W = \frac{I}{r} = \frac{\pi \cdot (d_e^4 - d_i^4)}{32 \cdot d_e} = \frac{\pi}{32} \cdot 1{,}48 \cdot 10^9$$

$$\sigma_t = \frac{V}{A} = \frac{20.000}{{}^{\pi}\!/_{4} \cdot 0{,}39 \cdot 10^6} = 0.065 \text{ daN / mm}$$

$$\tau_C = \frac{F}{A_C} = \frac{200.000}{{}^{\pi}\!/_{4} \cdot 0{,}39 \cdot 10^6} = 0{,}65 \text{ daN / mm}^2$$

$$\sigma_B = \sqrt{(\sigma_t)^2 + 3\,(\tau_C)^2} = 0{,}66 \text{ daN / mm}^2 < 13 \text{ daN/mm}^2$$

EJERCICIO B 15.1

ENUNCIADO: La grúa portacontenedores de la figura, está situada en un puerto de desembarco. El cable tiene una resistencia de 180 Kg/mm^2. El aparato posee una frecuencia aproximada igual de cargas pequeñas, medianas y máximas, y se le estima una duración del mecanismo de 12500 horas.

DATOS: Q_u = 30 T; Q_{carro} = 1 T; $Q_{grúa}$ = 100 T; v_{elev} = 45 m/min; $v_{tras\ carro}$ = 45 m/min; η_T = 85%; Lado agua = 30 m; Lado tierra = 20 m; Altura sobre rail = 30 m; Altura bajo rail = 10 m; Distancia entre postes = 30 m; Capacidad de cuchara = 12,5 m^3; P_{adm} = 7 N/mm^2; Duración mec. rod..=30%; Tambor σ = 240 MPa

Calcular la grúa en dos versiones: a)Carro aligerado. b)Carro estándar

HIPÓTESIS: Considerar los pesos de: Tambor, Motor de elevación, Aparejo, Elemento de suspensión.. Carro (Perfil A-100, d= 400 mm). Grúa (Perfil A-120, d= 400 mm)

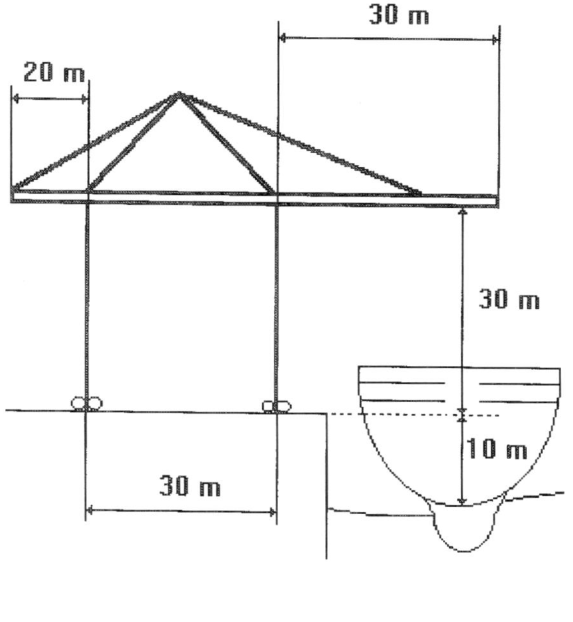

SOLUCIÓN:

1. Cuchara:

Capacidad (12,5 m^3) (Tabla B 1.6.) $\Longrightarrow$ Peso = 9.500 daN para cucharas de 2 ó 4 cables.
Q_{total} = 9.500 + 30.000 = 39.500 daN

2. Cable:

Clasificación (Tabla B 2.17.) $\Longrightarrow$ Grupo M7 $\Longrightarrow$ $K_C = 0{,}335$

$$d_{cable} = K_C \sqrt{S} = 0{,}335 \sqrt{\frac{Q_{total}}{n^o \text{ ramales} \cdot \eta}}$$

$$\text{1. ramal:} \quad d_{cable} = 0{,}335 \sqrt{39.500} = 65{,}58 \text{ mm}$$

$$\text{2. ramales:} \quad d_{cable} = 0{,}335 \sqrt{\frac{39.500}{2 \cdot 0{,}99}} = 47{,}31 \text{ mm}$$

$$\text{4. ramales:} \quad d_{cable} = 0{,}335 \sqrt{\frac{39.500}{4 \cdot 0{,}97}} = 33{,}80 \text{ mm}$$

$$\text{6. ramales:} \quad d_{cable} = 0{,}335 \sqrt{\frac{39.500}{6 \cdot 0{,}95}} = 27{,}88 \text{ mm}$$

$$\text{8. ramales:} \quad d_{cable} = 0{,}335 \sqrt{\frac{39.500}{8 \cdot 0{,}93}} = 24{,}40 \text{ mm}$$

Tipo de cable:

(Lang, flexible) 8 x 19 x (1 + 6 + 12) + 1

Según Tabla B 2.9. para grúas de gran altura de elevación el diámetro debe estar comprendido entre 10 y 25 mm., por ello escogemos 8 ramales. Si utilizamos diámetros de cable según tabla de tambores (Tabla B 5.4.) 24,40 mm ≈ 27 mm $\Longrightarrow$ Paso = 31 mm

3. Poleas:

(Tabla B 3.8.) $\Longrightarrow$ $h_1 = 25$

(Figura B 3.12.) $\Longrightarrow$ $h_2 = 1{,}12$

$$d_{polea} = D_1 \geq d_{cable} \cdot h_1 \cdot h_2 = 27 \cdot 25 \cdot 1{,}12 = 756 \text{ mm}$$

Poleas de Rodamientos $d_{Polea} = 800$ $\Longrightarrow$ Peso = 125 ·4 = 500 daN

Vida del cable:

$d_{polea} = D = 800$ mm ; $d_{cable} = d = 27$ mm ; n=1 ; $b_1 = 1$; $b_2 = 1{,}11$

$$W = \frac{170.000}{n}\left(10 \cdot b_1 \cdot b_2 \frac{D/d - 9/b_1}{\sigma_e + 40}\right) = \frac{170.000}{1}\left(10 \cdot 1 \cdot 1{,}11 \frac{800/27 - 9/1}{86{,}2 + 40}\right)$$

W = 308.463 > 150.000 BIEN

$$\sigma_e = \frac{395.000 / 8}{(\pi / 4) \cdot (0{,}027)^2} = 86{,}2 \text{ MPa}$$

4. Aparejo de 4 poleas (8 ramales):

Para carga útil de 39.500, según la tabla de aparejos de 4 poleas, perteneciendo al gupo M7 y para una carga de 40 T $\Longrightarrow$ Peso del aparejo = 1.280 daN

$Q_T = 39.500 + 1.280 = 40.780$ daN

5. Tambor:

(Tabla B 3.8.) $\Longrightarrow h_1 = 22{,}4$

(Figura B 3.12.) $\Longrightarrow h_2 = 1{,}12$

$d_{Tambor} = d_{cable} \cdot h_1 \cdot h_2 = 27 \cdot 22{,}4 \cdot 1{,}12 = 677{,}37$ mm

$\sigma = 240$ MPa $\Longrightarrow$ Tabla B 5.7. ($d_{Tambor} = 700$ mm ; $S = 5.097{,}5 \approx 6.000$ daN)

Espesor de la pared $\Longrightarrow h = 8$ mm

A) CARRO ESTANDAR:

La longitud del cable es la de la altura de elevación por el número de ramales

Altura de elevación = 30 + 10 = 40 m

Longitud total del cable = $40 \cdot 8 = 320$ m

Longitud de una espira = $\pi \cdot d_{Tambor} = \pi \cdot 0{,}700 = 2{,}199$ m

$$\text{N}^\circ \text{ de espiras (Simple arrollamiento)} = \frac{L_T}{L_{1e}} = \frac{320}{2{,}199} = 145{,}5 \approx 146 \text{ espiras}$$

Nº de espiras totales = 146 + 4 = 150

Longitud del tambor = Nº de espiras totales x paso = 150 . 31 = 4650 mm

Peso del tambor:

$$V_{total} = \frac{\pi}{4}(d_{ext}^2 - d_{int}^2) \cdot 1 = \frac{\pi}{4}(0{,}7^2 - 0{,}684^2) \cdot 4{,}65 = 0{,}08 \text{ m}^3$$

$$Q_{tambor} = V_{total} \cdot 8.000 \text{ Kg / m}^3 = 0{,}08 \cdot 8.000 = 640 \text{ daN}$$

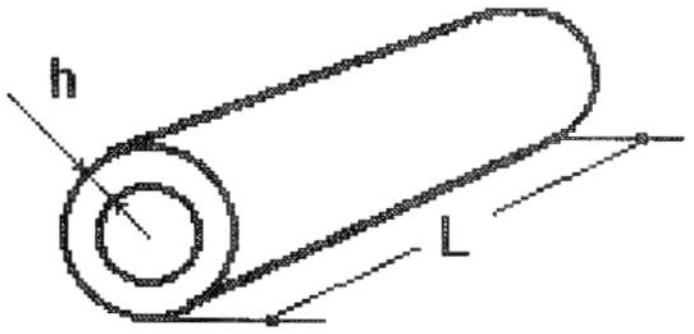

Los anclajes de tambor suman un 10% del peso de la parte cilíndrica.

$Q_{total} = 640 \cdot 1{,}1 = 700$ daN

6. Circuito de elevación:

$$P = \frac{Q_T \cdot v_{elev}}{4.500 \cdot \eta_T} = \frac{40.780 \cdot 45}{4.500 \cdot 0{,}85} = 479{,}7 \text{ CV}$$

Tabla 9.3 $\Longrightarrow$ P = 485 CV $\Longrightarrow$ Peso = 2.800 daN

-Freno de mordaza:

$M_{nom} = 2.270$ $M_{máx} / M_{nom} = 4{,}1$

$M_{máx} = 4{,}1 \cdot 2.270 = 9.307$ N m

$M_{freno} = 2{,}5 \cdot M_{máx} = 2{,}5 \cdot 9.307 = 23.267{,}5$ N m

$M = 4 \cdot br^2 \cdot p \cdot tg\,\psi \cdot \alpha$

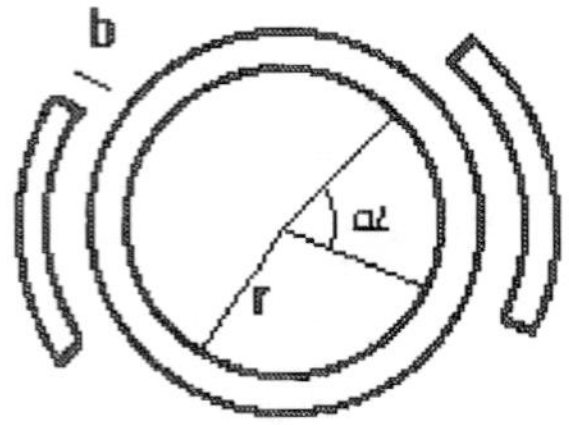

Siendo: $\alpha = 0{,}78$; $p = 10^6$ N/m²;

$tg\,\psi = 0{,}3$; $b = 0{,}1$ m; $r = 0{,}5$ m

$\Rightarrow M = 23.400$ N m $\Rightarrow M > M_{freno}$

- Indice de transmisión: $i = \dfrac{n_2 \cdot \pi \cdot d_{tambor}}{v_{elev}} \cdot \dfrac{n_{r\,tambor}}{n_{r\,aparejo}} = \dfrac{1.490 \cdot \pi \cdot 0{,}7}{45} \cdot \dfrac{2}{8} = 18{,}2$

7. Circuito de traslación:

- Carro:

$Q_T = 40.780$ daN

$G = G_{carro} + G_{motor\ elev} + G_{tambor} = 1000 + 2800 + 700 = 4.500$ daN

$$P = \frac{(Q_T + G) \cdot v_{tras\ carro} \cdot W}{4{,}5 \cdot 10^6 \cdot \eta_T} = \frac{(40.780 + 4.500) \cdot 45 \cdot 20}{4{,}5 \cdot 10^6 \cdot 0{,}85} = 10{,}65 \text{ CV}$$

Tabla B 8.3. $\Rightarrow$ 15 CV Peso = 125 daN

- Comprobación del Par de arranque:

$$\frac{GD_2^2}{4} = 0{,}09 \Rightarrow GD_2^2 = 0{,}09 \cdot 4 = 0{,}36$$

$n_2 = 1.440$ rpm $M_N = 74$ $M_{máx}/M_N = 3{,}4 \Rightarrow M_{máx} = 251{,}6$ N m

$$GD_I^2 = \frac{(40.780 + 4.500) \cdot \left(\dfrac{45}{1.500\pi}\right)^2}{0{,}85} = 4{,}85$$

$$GD_I^2 = GD_2^2 \cdot \frac{n_2^2}{n_1^2} = 0{,}36 \left(\frac{1.440}{1.500 \cdot \pi}\right)^2 = 0{,}33$$

$$\Sigma GD_I^2 = 4{,}85 + 0{,}33 = 5{,}18 \text{ daN} \cdot \text{m}$$

$$M_b = \frac{\Sigma GD^2 \cdot n_1}{375 \cdot t_a} = \frac{5{,}18 \cdot 10 \cdot 1.500}{375 \cdot 1{,}75} = 118{,}4 \text{ N m}$$

$$M_W = \frac{P_W \cdot 716}{n_1} = \frac{10{,}65 \cdot 716}{1.500} = 5{,}08 \text{ daN} \cdot \text{m} = 50{,}8 \text{ N m}$$

$$M_a = M_b + M_W = 118{,}4 + 50{,}8 = 169{,}2 \text{ N m}$$

$M_a = 169{,}2 < 251{,}6$ BIEN

- Potencia de traslación de la grúa:

$$P = \frac{(Q + G + G_{grúa}) \cdot v_{tras\ grua} \cdot W}{4{,}5 \cdot 10^6 \cdot \eta} = \frac{(40.780 + 4.500 + 100.000) \cdot 20 \cdot 20}{4{,}5 \cdot 10^6 \cdot 0{,}85} = 15{,}19\ CV \Rightarrow$$

Tabla B 8.3 $\Rightarrow$ 20 CV $\Rightarrow$ Peso = 215 Kg

8. Número de ruedas:

- Carro:

A-100 $\Longrightarrow$ $K - 2\,r_1 = 90$; $d_{rueda} = 400$ mm; $P_{adm} = 7$ N/mm^2

$C_3 = 1$ (Duración del mecanismo de rodadura 30%)

$v_{tras} = 45$ m/min ; $d_{rueda} = 400$ mm $\Longrightarrow$ $C_2 = 0{,}985$

n = Nº de ruedas por poste $\longrightarrow$

$$d_r \geq \frac{Q_R}{P_{adm} \cdot C_2 \cdot C_3 \cdot (K - 2\,r_1)}$$

$$Q_{total} = 40.780 + 4.500 = 45.280 \text{ daN}$$

$$Q_{rueda} = \frac{Q_{total}}{4\,n} = \frac{44.845}{4\,n}$$

$$400 \geq \frac{45.280 \cdot 10 / 4n}{7 \cdot 0{,}985 \cdot 1 \cdot 90}$$

$$n \geq \frac{452.800}{4 \cdot 400 \cdot 7 \cdot 0{,}985 \cdot 1 \cdot 90} \geq 0{,}45 \Rightarrow n = 1$$

- Pórtico:

A-120 $\Longrightarrow$ $K - 2\,r_1$; d = 400 mm ; $C_3 = 1$; $v_{tras} = 20$ m/min $\Longrightarrow$ $C_2 = 1{,}09$
$P_{adm} = 7$ N/mm^2

$$d_R \geq \frac{Q_R}{P_{adm} \cdot C_2 \cdot C_3 \cdot (K - 2\,r_1)} \qquad ¿Q_R?$$

Para calcular la carga por rueda, es necesario establecer el caso más desfavorable, que es cuando el carro está en el extremo en el lado del agua. Ver esquema siguiente.

$$(Q_u + Q_c) \cdot 60 + Q_g \cdot 17 - R_1 \cdot 30 = 0$$

$$R_2 \cdot 30 - Q_g \cdot 3 + (Q_u + Q_c) \cdot 30 = 0$$

$$R_1 = \frac{(Q_u + Q_c) \cdot 60 + Q_g \cdot 17}{30} = \frac{45.280 \cdot 60 + 100.000 \cdot 17}{30} = 147.226{,}6 \text{ daN}$$

$$R_2 = \frac{Q_g \cdot 13 - (Q_u + Q_c) \cdot 30}{30} = \frac{100.000 \cdot 13 - 45.280 \cdot 30}{30} = -1.946{,}6 \text{ daN}$$

Al salir la reacción R_2 negativa, indica que la grúa se vuelca; luego en este caso es necesario poner un contrapeso.

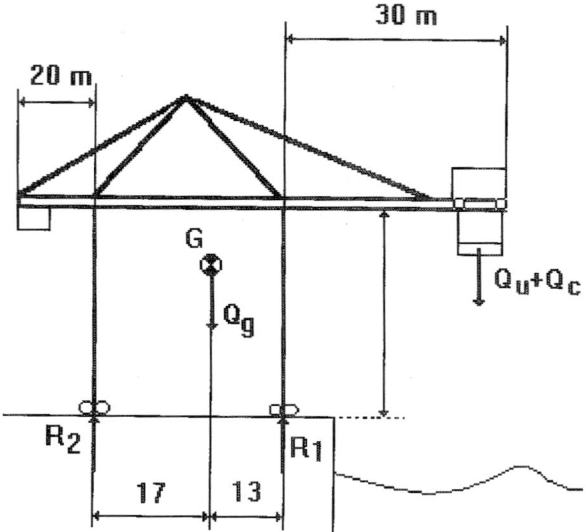

$$Q_{contrapeso} = (Q_u + Q_c)\frac{\left(30+\frac{30}{2}\right)}{2\cdot\left(20+\frac{30}{2}\right)} + Q_g \cdot \frac{\left(17-\frac{30}{2}\right)}{\left(20+\frac{30}{2}\right)} = 45.280\cdot\frac{45}{70} + 100.000\cdot\frac{2}{35} =$$

$$= 29.108{,}5 + 5.714{,}3 \quad \Rightarrow Q_{contrapeso} = 34.822{,}78 \text{ daN}$$

$$\Rightarrow (Q_u + Q_c)\cdot 60 + Q_g \cdot 17 - R_1 \cdot 30 - Q_{contrapeso} \cdot 20 = 0$$

$$- Q_{contrapeso} \cdot 50 + R_2 \cdot 30 - Q_g \cdot 13 + (Q_u + Q_c)\cdot 30 = 0$$

$$R_1 = \frac{(Q_u + Q_c)\cdot 60 + Q_g \cdot 17 - Q_{contrapeso}\cdot 20}{30} = \frac{45.280\cdot 60 + 100.000\cdot 17 - 34.822{,}78\cdot 20}{30}$$

$$R_1 = 124.011{,}48 \text{ daN}$$

$$R_2 = \frac{-(Q_U + Q_C)\cdot 30 + Q_g \cdot 3 + Q_{CP}\cdot 50}{30} = \frac{-45.280\cdot 30 + 100.000\cdot 13 + 34.822{,}78\cdot 50}{30}$$

$$R_2 = 56.091{,}3 \text{ daN}$$

R_1 es la máxima reacción

Como hay dos postes, dividimos R_1 para 2. $\Rightarrow$ $R_1/2 = 124.011{,}48/2 = 62.005{,}74$ daN

$$d_r \geq \frac{R_1 / n}{P_{adm}\cdot C_2 \cdot C_3 \cdot (K - 2\,r_1)} \Rightarrow$$

$$\Rightarrow n \geq \frac{R_1}{d_r \cdot P_{adm}\cdot C_2 \cdot C_3 \cdot (k - 2\,r_1)} = \frac{62.005{,}74\cdot 10}{400\cdot 7\cdot 1{,}09\cdot 1\cdot 100} = 2{,}03$$

n = 3 por poste $\Rightarrow$ 3 ruedas de 400 mm por poste.

9. Comprobación del carril:

E = 210 GPa $\qquad$ E_m = 14,5 GPa

A-120 ⟹ b = 220 mm⁴ ≈ 0,22 m

I = 1.420 cm⁴ ≈ 1,42·10⁻⁵ m

W = 249 cm³ = 2,49·10⁻⁴ m

$$p = \frac{P}{2b} \cdot \sqrt[4]{\frac{E_m}{4\,EI}}\ \text{MPa}$$

$$P = \frac{62005{,}74}{3}\ \text{daN} = \frac{620057{,}4}{3}\ \text{N} = 206.685{,}8\ \text{N}$$

$$p = \frac{206.685{,}8}{2 \cdot 0{,}22} \sqrt[4]{\frac{14{,}5 \cdot 10^9}{4 \cdot 210 \cdot 10^9 \cdot 1{,}42 \cdot 10^{-5}}} = 2{,}77\ \text{MPa}$$

p = 2,77 MPa >2 MPa ⟹ Dividir la carga por rueda por 2 ⟹ 6 ruedas por poste en vez de 3

$$p = \frac{206.685{,}8 / 2}{2 \cdot 0{,}22} \sqrt[4]{\frac{14{,}5}{4 \cdot 210 \cdot 1{,}42 \cdot 10^{-5}}} = 1{,}38\ \text{MPa} < 2\ \text{MPa} \rightarrow \text{BIEN}$$

$$\eta = \sqrt[4]{\frac{2}{3} \cdot \frac{b^2 \cdot p \cdot E_m}{E\ I}} = \sqrt[4]{\frac{2}{3}\ \frac{0{,}22^2 \cdot 1{,}38 \cdot 10^6 \cdot 14{,}5 \cdot 10^9}{210 \cdot 10^9 \cdot 1{,}42 \cdot 10^{-5}}} = 121{,}3\ \text{N}^{1/4}\ /\ \text{m}$$

$$\sigma = \frac{0{,}5 \cdot P^{5/4}}{W} \cdot \frac{1}{\eta} = 0{,}5\ \frac{(103.342{,}9)^{5/4}}{2{,}49 \cdot 10^{-4}} \cdot \frac{1}{121{,}3} = 30{,}67\ \text{MPa} < 250\ \text{MPa} \rightarrow \text{BIEN}$$

Por ello son 6 ruedas de diámetro d = 400 mm por poste

B) CARRO ALIGERADO:

En este caso, el mecanismo de elevación, está en el centro de la grúa.

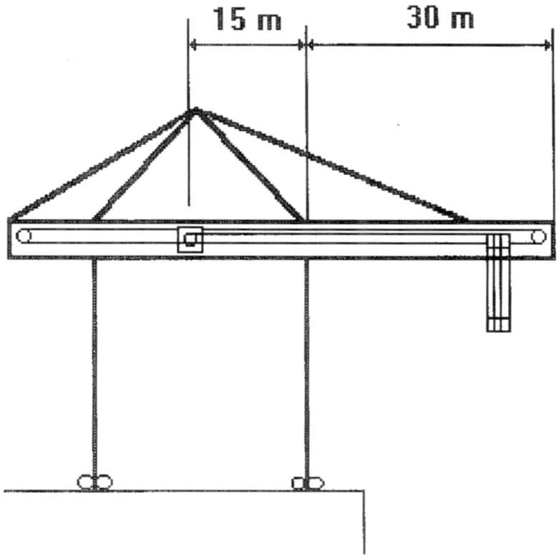

Hay dos series de cables, uno para elevar la carga con 8 ramales y otro para mover el carro a lo largo de la pluma. La longitud del cable de elevación (con tambor de simple arrollamiento), será:

$L_{\text{total cable}} = (40 \text{ m} \cdot 8) + (30 + 15) = 320 + 45 = 365 \text{ m}$

$L_{\text{de 1 espira}} = \pi \cdot d_{\text{tambor}} = \pi \cdot 0{,}7 = 2{,}199 \text{ m}$

$$\text{N° de espiras} = \frac{L_{\text{total cable}}}{L_{1 \text{ espira}}} = \frac{365}{2{,}199} = 165{,}98 \text{ espiras} \approx 166$$

N° de espiras totales = 166 + 4 = 170

$L_{\text{tambor}} = \text{N° de espiras} \cdot \text{paso} = 170 \cdot 31 = 5.270 \text{ m}$

$\sigma = 240 \text{ MPa}$; $d_{\text{Tambor}} = 700 \text{ mm}$

$q_{\text{ramal}} = 40.780 / 8 = 5.097{,}5 \approx 6.000 \Longrightarrow h = 8$ (Espesor de la pared)

$$\text{Peso} = V_{\text{total}} \cdot 8.000 \text{ Kg/m}^3 = \frac{\pi}{4} \cdot (0{,}7^2 - 0{,}684^2) \cdot 5{,}27 \cdot 8.000 = 733{,}2 \approx 734 \text{ daN}$$

Peso total = 1,1 · 734 = 800 daN

6. Circuito de elevación (El mismo que carro estándar):

P = 485 CV ⟶ Peso = 2.800 daN

Freno de mordaza: $b = 0{,}1$; $r = 0{,}5 \text{ m} \Longrightarrow M_{\text{freno}} = 23.400 \text{ N m}$

Índice de transmisión: $i = 15{,}6$

7. Circuito de traslación:

- Carro:

$Q_T = 40.780 \text{ daN}$; $G = G_{\text{carro}} = 1.000 \text{ daN}$

$$P = \frac{(Q_T + G) \cdot v_{\text{tras carro}} \cdot \omega}{4{,}5 \cdot 10^6 \cdot \eta_t} = \frac{(40.780 + 1.000) \cdot 45 \cdot 20}{4{,}5 \cdot 10^6 \cdot 0{,}85} = 9{,}83 \text{ CV} \Longrightarrow 10 \text{ CV Peso} = 110 \text{ daN}$$

- Par de arranque:

$n_2 = 1.425$; $M_N = 50$; $M_{\text{máx}} / M_N = 3 \Longrightarrow M_{\text{máx}} = 150 \text{ N m}$ $\qquad t_a = 1{,}75 \text{ s}$

$$\frac{GD_2^2}{4} = 0{,}068 \Longrightarrow GD_2^2 = 0{,}272$$

$$GD_1^2 = \frac{(40.780 + 1.000) \cdot \left(\frac{45}{1.500 \cdot \pi}\right)^2}{0{,}85} = 4{,}48 \text{ daN m}$$

$$GD_1^2 = 0{,}272 \left(\frac{1.425}{1.500}\right)^2 = 0{,}245 \text{ daN m}$$

$$\Longrightarrow \sum GD_1^2 = 4{,}48 + 0{,}245 = 4{,}725 \text{ daN m}$$

$$M_b = \frac{4{,}725 \cdot 10 \cdot 1.500}{375 \cdot 1{,}75} = 108 \text{ N m}$$

$$M_W = \frac{9{,}83 \cdot 716}{1.500} = 4{,}69 \text{ daN m} = 46{,}9 \text{ N m}$$

$$M_a = M_b + M_W = 108 + 46{,}9 = 154{,}9 < 251{,}6 \text{ N m} \Longrightarrow \text{MAL}$$

Se selecciona un motor de mayor potencia, en este caso el siguiente en la tabla es el de 15 CV.

- Potencia de traslación de la grúa: (Igual que carro estándar) P = 20 CV Peso = 215 daN

8. Número de ruedas:

- Carro:

$$Q_{total} = 40.780 + 1.000 = 41.780 \text{ daN}$$

$$Q_{rueda} = \frac{41.780}{4\,n}$$

$$400 \geq \frac{41.780 / 4\,n}{7 \cdot 0{,}985 \cdot 1 \cdot 90}$$

$$n \geq \frac{417.800}{7 \cdot 0{,}985 \cdot 1 \cdot 90 \cdot 4 \cdot 400} = 0{,}42 \Longrightarrow n = 1 \text{ (1 rueda por esquina)}$$

- Grúa:

$$R_1 = \frac{(Q_u + Q'_c) \cdot 60 + Q_g \cdot 17 + Q \cdot 15}{30} = \frac{41.780 \cdot 60 + 100.000 \cdot 17 + 3.600 \cdot 15}{30}$$

$$R_2 = \frac{Q_g \cdot 13 + Q \cdot 15 - (Q_u + Q'_c) \cdot 30}{30} = \frac{100.000 \cdot 13 + 3.600 \cdot 15 - 41.780 \cdot 30}{30}$$

$Q'_c = 1.000$ daN

$Q = 2.800 + 800 = 3.600$ daN

$R_1 = 142.026{,}6$ daN

$R_2 = 3.353{,}33$ daN

Como R_1 y R_2 son positivos , no es necesario contrapeso pues la grúa no vuelca siendo R_1 la reacción máxima. Como hay dos postes:

$$R_1 = \frac{142.026{,}6}{2} = 71.013{,}3 \text{ daN}$$

$$d_r \geq \frac{R_1 / n}{P_{adm} \cdot C_2 \cdot C_3 \cdot (K - 2r_1)}$$

$$n \geq \frac{R_1}{d_r \cdot P_{adm} \cdot C_2 \cdot C_3 \cdot (K - 2r_1)} = \frac{71.013{,}3 \cdot 10}{400 \cdot 7 \cdot 1{,}09 \cdot 1 \cdot 100} \Rightarrow$$

$n \geq 2{,}32$ $n = 3$ (Por poste)

9. Comprobación del carril:

$$p = \frac{P}{2\,b}\sqrt[4]{\frac{E_M}{4\,EI}} = \frac{236.711}{2 \cdot 0{,}22}\sqrt[4]{\frac{14{,}5}{4 \cdot 210 \cdot 1{,}42 \cdot 10^{-5}}} = 3{,}17 \text{ MPa } (> 2 \text{ MPa}) \text{ No sirve.}$$

$$P = \frac{71.013{,}3}{3} = 23.671{,}1 \text{ daN} = 236.711 \text{ N}$$

Tomamos 5 ruedas por poste:

$$P = \frac{71.013{,}3}{5} = 14.202{,}66 \text{ daN} = 142.026{,}6 \text{ N}$$

$$p = \frac{142.026{,}6}{2 \cdot 0{,}22}\sqrt[4]{\frac{14{,}5}{4 \cdot 210 \cdot 1{,}42 \cdot 10^{-5}}} = 1{,}905 \text{ MPa} < 2 \text{ MPa}$$

$$\eta = \sqrt[4]{\frac{2}{3} \cdot \frac{0{,}22^2 \cdot 1{,}905 \cdot 10^6 \cdot 14{,}5}{210 \cdot 1{,}42 \cdot 10^{-5}}} = 131{,}48 \text{ N}^{1/4} / \text{m}$$

$$\sigma = \frac{0{,}5 \cdot (142.026{,}6)^{5/4}}{2{,}49 \cdot 10^{-4} \cdot 131{,}48} = 42{,}1 \text{ MPa} < 250 \text{ MPa} \Rightarrow \text{BIEN}$$

EJERCICIO B 16.1

ENUNCIADO: La grúa torre de la figura, está situada en un parque de almacenamiento. El cable tiene una resistencia de 180 Kg/mm^2. El aparato posee una frecuencia aproximada igual de cargas pequeñas, medianas y máximas, y se le estima una duración del mecanismo de 12500 horas.

DATOS: Carga útil en punto B = 50 KN, Carga útil en punto A = 10 KN, Velocidad de elevación = 60 m/min, Velocidad de translación = 40 m/min, Velocidad de giro = 3 rpm, Peso propio = 250 KN, Peso del lastre = 300 KN, Peso del contrapeso = 60 KN, Diámetro del rodamiento de la giratoria = 0.7 m (μ = 0.0075), $P_{adm.}$ = 7 N/mm^2. C_3 = 1

HIPÓTESIS:

- No considerar pesos de los elementos
- No considerar acción del viento
- Considerar el peso propio sólo en el cálculo de las ruedas, carriles y mástil.
- Utilizar acero A-42 en todos los casos. Tambor de σ = 240 MPa.

Suponiendo un coeficiente de seguridad de 3, estimar valores de: las secciones de los tirantes y de los módulos resistentes de pluma, portaflecha y mástil (para este caso suponer que W = 2000 A, con A = sección y W = módulo resistente).

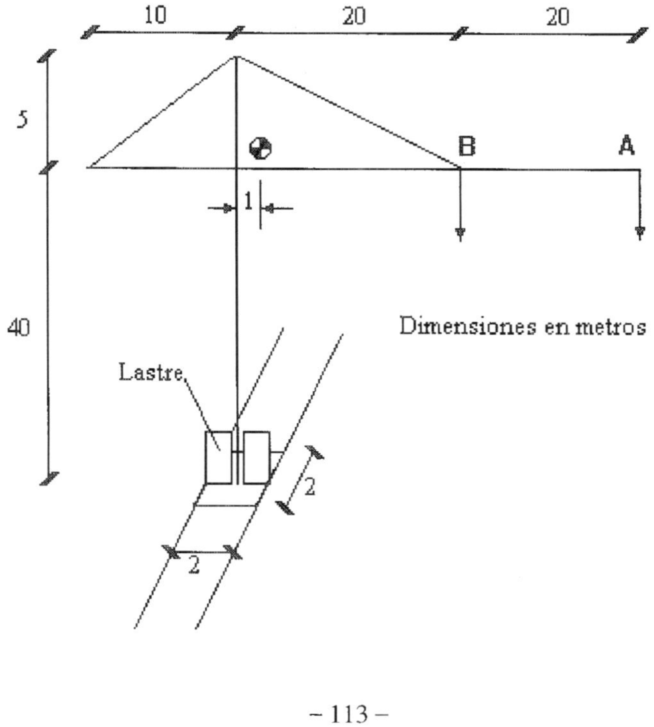

SOLUCIÓN:

A) CIRCUITO DE ELEVACIÓN

1. Gancho:

(Tabla B 1.1.) $\Longrightarrow Q_g = 20$ daN

$Q_{Total} = 5.000 + 20 = 5.020$ daN

2. Cable:

Clasificación (Tabla B 2.17.) $\Longrightarrow$ Grupo M7 $\Longrightarrow K_C = 0{,}335$

$d_{cable} = K_C \sqrt{S}$ $\quad$ $S = Q_{Total} / \eta\, n_r$ $\quad$ (Esfuerzo por ramal)

Por ser una carga de gran altura de elevación (Según tabla B 2.9.): $10 \text{ mm} < d_{CABLE} < 25 \text{ mm}$

Suponiendo dos ramales: $d_{cable} = K_C \cdot \sqrt{Q_T/2} = 0{,}335 \cdot \sqrt{5.020/2 \cdot 0{,}99} = 16{,}86$ m

Para que encaje con los valores tomados en tambores (Tabla B 5.4.) $\longrightarrow d_{cable} = 19$ mm

$d_{cable} = 19$ mm $\Longrightarrow S = 22$; $r = 10{,}5$; $a = 2{,}5$

3. Polea:

Al haber 2 ramales existe una sola polea.

(Tabla B 3.8.) $\Longrightarrow h_1 = 25$

(Figura B 3.12.) $\Longrightarrow h_2 = 1$

$d_{Polea} = D_1 = d_{cable} \cdot h_1 \cdot h_2 = 19 \cdot 25 \cdot 1 = 475$ mm

Poleas de Rodamientos de bolas $d_{Polea} = 500 \Longrightarrow$ Peso = 41 daN

$Q_T = Q_U + Q_G + Q_P = 5000 + 20 + 41 = 5061$ daN

4. Tambor:

(Tabla B 3.8.) $\Longrightarrow h_1 = 22{,}4$

(Figura B 3.12.) $\Longrightarrow h_2 = 1$

$d_{Tambor} = d_{cable} \cdot h_1 \cdot h_2 = 19 \cdot 22{,}4 \cdot 1 = 425{,}6$ mm

$\sigma = 240$ MPa $\Longrightarrow$ Tabla B 5.6. ($d_{Tambor} = 500$ mm ; $S = 2.535{,}3 \approx 3.000$ daN)

Espesor de la pared $\Longrightarrow h = 6$ mm

5. Esquemas:

(A) : Simple arrollamiento. Altura variable.

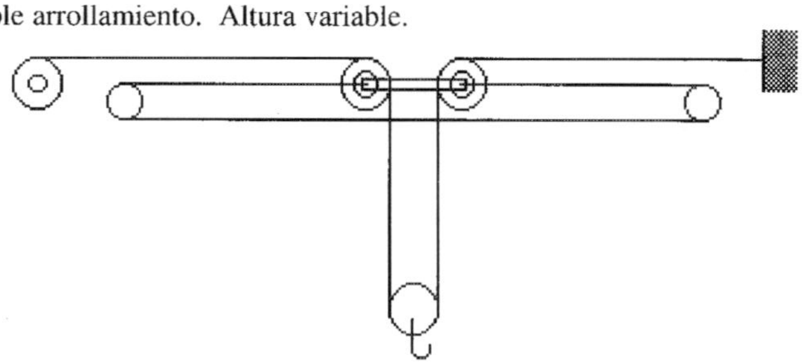

[A]

(B) :Altura constante. Si el tambor está partido, puede haber traslación y elevación

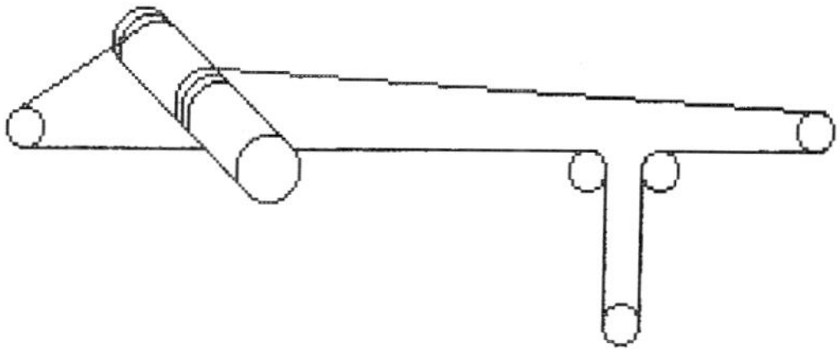

[B]

6. Tambor: (Continuación)

Longitud de elevación = 40 m

Longitud del cable = 40.000 · 2 = 80.000 mm

Longitud de 1 espira = $\pi \cdot d_{Tambor} = \pi \cdot 500 = 1.570,79$ mm

$$N^o \text{ de espiras} = \frac{\text{Longitud del cable}}{\pi \cdot d_{Tambor}} = \frac{80.000}{\pi \cdot 500} = 50,9 \text{ espiras} \approx 51 \text{ espiras}$$

Nº Espiras totales = 51 + 2·2 = 55

Longitud tambor = $N^o_{\text{Total de espiras}} \cdot$ paso = 55 · 22 = 935 mm ≈ 1000mm

7. Motor elevación:

$$P_{elev} = \frac{Q_T \cdot v_{elev}}{4.500 \cdot \eta} = \frac{5.061 \cdot 60}{4.500 \cdot 0,85} = 79,38 \text{ CV} \Rightarrow \text{Tabla B 8.3.} \Rightarrow P_{elev} = 100 \text{ CV}$$

B) CIRCUITO DE TRANSLACIÓN

1. Potencia de giro:

Q_{giro} = 5.000 + 25.000 + 6.000 = 36.000 daN

n = 3 r.p.m. d = 0,7 m

$M = Q_g \cdot \mu \cdot d/2$ =36.000 · 0,0075 · 0,7/2 = 94,5 daN·m

$$P_{giro} = \frac{M \cdot n}{716,2 \cdot \eta} = \frac{94,5 \cdot 3}{716,2 \cdot 0,85} = 0,465 \text{ CV} \Rightarrow \text{Tabla B 8.3.} \quad P_{giro} = 5,5 \text{ CV}$$

2. Potencia de traslación:

Q_{tras} = 5.000 + 25.000 + 6.000 + 30.000 = 66.000 daN

Suponiendo W = 7 (Rodamientos de bolas)

$$Q_{tras} = \frac{Q_{tras} \cdot W \cdot v_{tras}}{4,5 \cdot 10^6 \cdot \eta} = \frac{66.000 \cdot 7 \cdot 40}{4,5 \cdot 10^6 \cdot 0,85} = 4,83 \text{ CV} \Rightarrow \text{Tabla B 8.3.} \Rightarrow \mathbf{P_{tras}} = 5,5 \text{ CV}$$

3. Cálculo de carriles:

Sea perfil BURBACH A-100 $\Longrightarrow$ $b = 0{,}2$ m ; $I = 888 \cdot 10^{-8}$ m^4

$P_{adm} = 7$ N/mm^2 $\quad$ $E_m = 14{,}5$ GPa $\quad$ $E = 210$ GPa

$\sigma_{máx} = 2$ MPa (Hormigón) $\quad$ $\sigma_{máx} = 250$ MPa (Acero)

Se comprueba el caso más desfavorable:

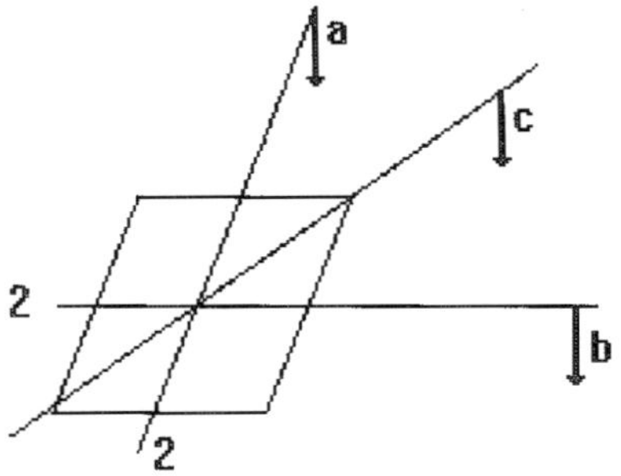

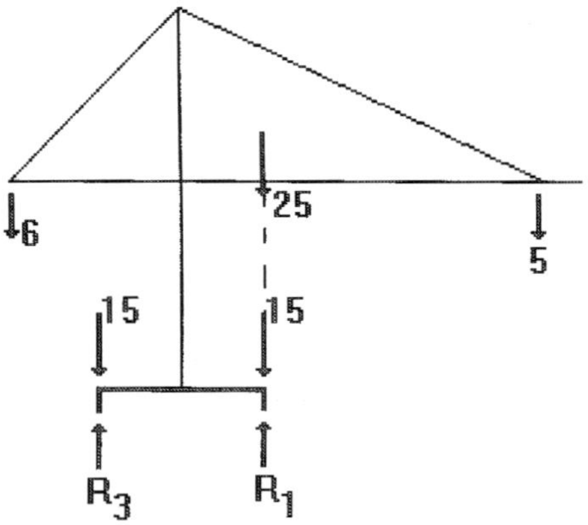

Caso más desfavorable para el cálculo de las reacciones sobre la rueda. Suponiendo 4 ruedas y en voladizo máximo (40 m), las distancias desde este a los puntos:

a = 39 m ,

b = 39 m ,

$$c = 40 - \sqrt{1^2 + 1^2} = 40 - \sqrt{2} = 38{,}585$$

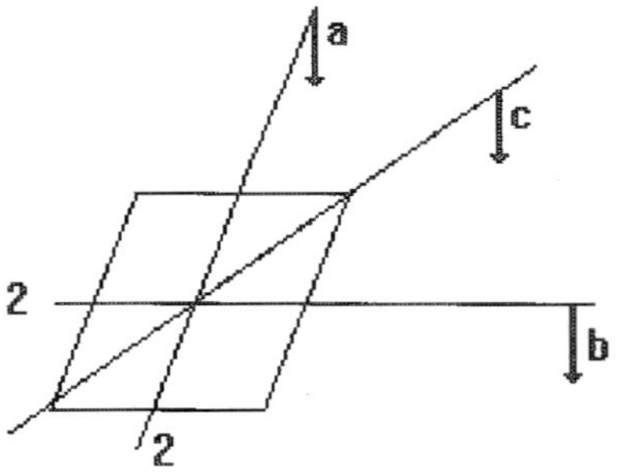

1) Caso a ≅ Caso b

$$6 + 25 + 5 + 30 = 66 \text{ T}$$

$$R_1 + R_2 = \frac{66}{2} \text{ T}$$

- Caso de 5 T en B)

$$\frac{6}{2} \cdot 11 + \frac{15}{2} \cdot 2 - \frac{5}{2} \cdot 19 - R_1 \cdot 2 = 0$$

$$R_1 = \frac{33 + 15 - 47{,}5}{2} = \frac{0{,}5}{2} = 0{,}25 \text{ T}$$

$$R_2 = \frac{66}{2} - R_1 = 33 - 0{,}25 = 32{,}5 \text{ T}$$

- Caso de 1 T en A)

$$\frac{6}{2} \cdot 11 + \frac{15}{2} \cdot 2 - \frac{1}{2} \cdot 39 - R_1 \cdot 2 = 0$$

$$R_1 = \frac{33 + 15 - 19{,}5}{2} = \frac{28{,}5}{2} = 14{,}25 \text{ T}$$

$$R_2 = \frac{61}{2} - R_1 = 30{,}5 - 14{,}25 = 16{,}25 \text{ T}$$

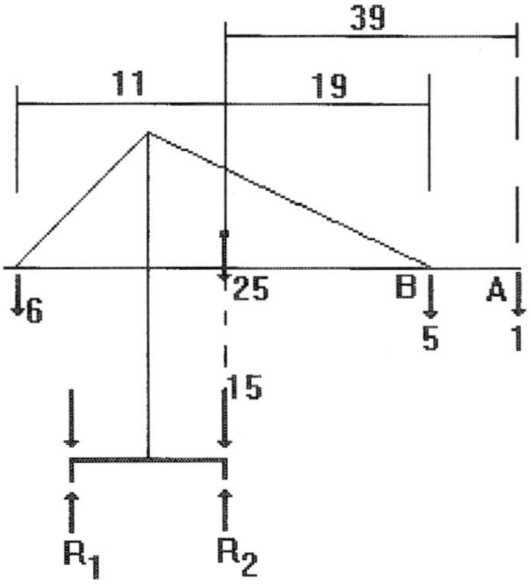

2) Caso c:

$R_2 = 15\ T \quad \Longrightarrow \quad R_1 + R_3 = 66 - 15 = 51\ T$

$6 \cdot 10 + 7{,}5 \cdot (1{,}414) + R_1 \cdot (1{,}414) -$

$- R_3 \cdot (1{,}414) - 25 \cdot 1 - 7{,}5 \cdot (1{,}414) - 5 \cdot (20) = 0$

$R_1 - R_3 = 45{,}96\ T$

$R_1 = 45{,}96 + R_3 \Longrightarrow 45{,}96 + R_3 + R_3 = 51$

$\mathbf{R_3} = 2{,}52\ T$

$\mathbf{R_1} = 48{,}48\ T$

(Caso más desfavorable si sólo hay una rueda)

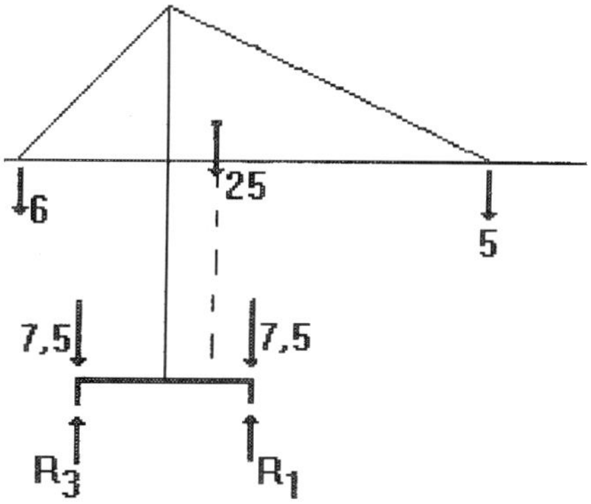

Una vez obtenida la mayor reacción en el caso mas desfavorable, se evalúa el carril, para saber el número de ruedas necesarias.

$$p = \frac{P}{2\,b}\sqrt{\frac{E_m}{4\,EI}} = \frac{484.800}{2 \cdot 0{,}2}\sqrt{\frac{14{,}5 \cdot 10^9}{4 \cdot 210 \cdot 10^9 \cdot 888 \cdot 10^{-8}}} = 484.800 \cdot 16{,}6$$

$p = 8{,}04$ MPa $>$ 2 MPa para una sola rueda en cada esquina

Y con 4 ruedas tampoco vale por poco. Probamos con perfil mayor, un BURBACH A-120:

$b = 0{,}22$ m ; $K - 2r_1 = 100$ mm ; $I = 1.420 \cdot 10^{-8}\ m^4$; $W = 249 \cdot 10^{-6}\ m^3$

$$p = \frac{P/4}{2\,b}\sqrt[4]{\frac{E_m}{4\,EI}} = \frac{484.800/4}{2 \cdot 0{,}22}\sqrt[4]{\frac{14{,}5 \cdot 10^9}{4 \cdot 210 \cdot 10^9 \cdot 1.420 \cdot 10^{-8}}} = \frac{484.800}{4} \cdot 13{,}419$$

$p = 1{,}626$ MPa $<$ 2 MPa

(Si fuesen 3 ruedas, $p = 2{,}168 > 2$ MPa Luego son 4 ruedas en A-120)

Se continúa comprobando el carril:

$$\eta = \sqrt[4]{\frac{2}{3}\ \frac{b^2 \rho\, E_m}{EI}} = \sqrt[4]{\frac{2}{3}\ \frac{0{,}22^2 \cdot 1{,}626 \cdot 10^6 \cdot 14{,}5 \cdot 10^9}{210 \cdot 10^9 \cdot 1.420 \cdot 10^{-8}}} = 126{,}38\ \frac{N^{1/4}}{m}$$

$$\sigma = \frac{0{,}5 \cdot P^{5/4}}{W}\ \frac{1}{\eta} = \frac{0{,}5\left(484.800/4\right)^{5/4}}{249 \cdot 10^{-6} \cdot 126{,}38} = 35{,}93 \text{ MPa} < 250 \text{ MPa}$$

4. Diámetro de las ruedas:

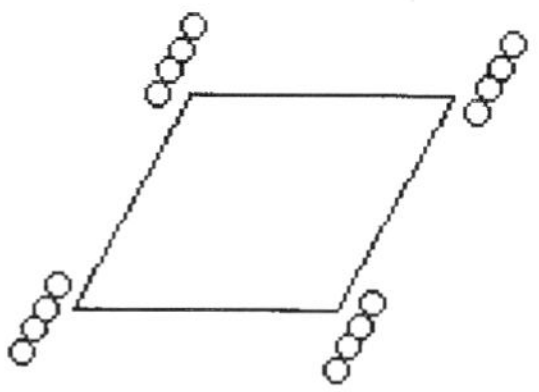

$$d \geq \frac{Q_R}{P_{adm} \cdot C_2 \cdot C_3 \cdot (K - 2\,r_1)} \geq \frac{121.200}{7 \cdot C_2 \cdot 1 \cdot 100} = \frac{173{,}142}{C_2}$$

$v_{tras} = 40$ m /min. Suponiendo $d_{rueda} = 250$ mm $\Longrightarrow C_2 = 0{,}94$

$250 \geq \dfrac{173{,}142}{0{,}94} = 184{,}19$ Se cumple $\Longrightarrow$ Ponemos 4 ruedas por poste ; en total 16 ruedas.

C) PREDIMENSIONADO DE LA ESTRUCTURA

1. Sección de los tirantes:

$5.000 = T_1 \cdot \text{sen}\,\alpha \Longrightarrow$

$$T_1 = \frac{5.000}{\text{sen}\,\alpha} = 20.624{,}5 \text{ daN}$$

$6.000 = T_2 \cdot \text{sen}\,\beta \Longrightarrow$

$$T_2 = \frac{6.000}{\text{sen}\,\beta} = 13.418{,}7 \text{ daN}$$

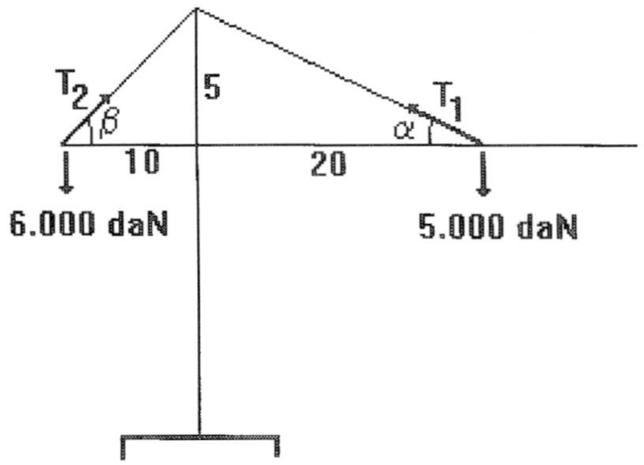

$$\text{tg}\,\alpha = \frac{5}{20} \Rightarrow \alpha = 14{,}03^\circ$$

$$\text{tg}\,\beta = \frac{5}{10} \Rightarrow \beta = 26{,}56^\circ$$

$$n = \frac{\sigma_{adm}}{\sigma_{equiv}} \Rightarrow \sigma_{equiv} = \frac{\sigma_{adm}}{3} = \frac{260}{3} \Rightarrow \sigma_{equiv} = 8{,}66 \text{ MPa}$$

$$\sigma_{equiv} = \frac{T}{A} \Rightarrow A = \frac{T}{\sigma_{equiv}} \begin{cases} A_1 = \dfrac{20.624{,}5}{8{,}66} = 2.381{,}5 \text{ mm}^2 \\ A_2 = \dfrac{13.418{,}7}{8{,}66} = 1.549{,}5 \text{ mm}^2 \end{cases}$$

$$A = \frac{\pi \cdot d^2}{4} \Rightarrow d = \sqrt{\frac{4\,A}{\pi}} \Rightarrow \begin{cases} d_1 = 55{,}06 \text{ mm} \\ d_2 = 44{,}4 \text{ mm} \end{cases}$$

2. Módulos de portaflecha:

$T_1 \cdot \text{sen}\,\alpha + T_2\,\text{sen}\,\beta = N$

$T_1 \cdot \cos\alpha - T_2 \cos\beta = V \qquad \Longrightarrow V \cdot 5 = M$

$N = 20.624{,}5 \cdot \text{sen}\,14{,}03^\circ + 13.418{,}7 \cdot \text{sen}\,26{,}56^\circ$

$N = 10.999{,}96$ daN

$V = 20.624{,}5 \cdot \cos 14{,}03^\circ - 13.418{,}7 \cdot \cos 26{,}56^\circ$

$V = 8.006{,}66$ daN

$M = 5 \cdot 8.006{,}6$

$M = 40.033{,}34$ daN m

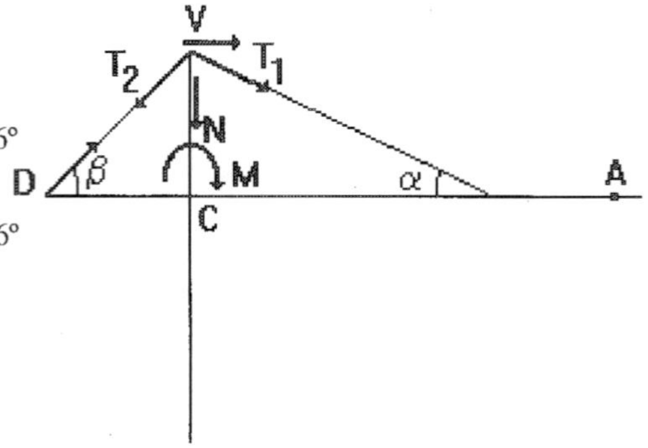

$$\sigma_{equiv} = \sqrt{(\sigma_c + \sigma_f)^2 + 3\,\tau^2}$$

$$\sigma_{equiv} = \sqrt{\left(\frac{N}{A} + \frac{M}{W}\right)^2 + 3\left(\frac{V}{A}\right)^2} = \sqrt{\left(\frac{N}{W/2.000} + \frac{M}{W}\right)^2 + 3\left(\frac{V}{W/2.000}\right)^2} =$$

$$= \sqrt{\frac{(2.000\,N + M)^2}{W^2} + \frac{6.000\,V^2}{W^2}} = \frac{1}{W}\sqrt{(2.000\,N + M)^2 + 12.000\,V^2}$$

$$W = \frac{\sqrt{(2.000\ N + M)^2 + 12.000\ V^2}}{\sigma_{equiv}} =$$

$$= \frac{\sqrt{(2.000 \cdot 10.999{,}96 + 40.033{,}34 \cdot 10^3)^2 + 12.000 \cdot 8.006{,}6^2}}{8{,}66} \Rightarrow$$

$$W = 7{,}164\ 10^6\ mm^3$$

3. Módulos de mástil:

$$\sigma_{equiv} = \frac{P + P_c + P_p}{A} + \frac{P \cdot 2.000 - P_c \cdot 10.000 + P_p \cdot 1.000}{W} =$$

$$= \frac{P + P_c + P_p}{W / 2.000} + \frac{P \cdot 20.000 - P_c \cdot 10.000 + P_p \cdot 1.000}{W} =$$

$$= \frac{1}{W}\left[P(20.000 + 2.000) + P_c(-8.000) + P_p(3.000)\right]$$

$$W = \frac{22.000\ \cdot P - 8.000 \cdot P_c + 3.000 \cdot P_p}{\sigma_{equiv}} =$$

$$= \frac{22.000 \cdot 5.000 - 8.000 \cdot 6.000 + 3.000 \cdot 25.000}{8{,}66} \Rightarrow W = 15{,}819\ 10^6\ mm^3$$

4. Módulos de la Pluma

Tramo AB:

$M = 1.000$ daN $\cdot\ 20.000 = 20 \cdot 10^6$ daN mm

$V = 1.000$ daN

$$\sigma_{equiv} = \sqrt{\left(\frac{M}{W}\right)^2 + 3\left(\frac{V}{A}\right)^2} = \frac{1}{W}\sqrt{M^2 + 12.000\ V^2} \Rightarrow$$

$$W = \frac{1}{\sigma_{equiv}}\sqrt{M^2 + 12.000\ V^2} = 2{,}309\ 10^6\ mm^3$$

Tramo BC:

$N_1 = T_1 \cdot \cos \alpha = 20.624{,}5 \cdot \cos 14{,}03° = 20.009{,}24$ daN

$\sigma = \frac{N_1}{A} \Rightarrow W_1 = \frac{2.000\ N_1}{\sigma} = 4{,}62\ 10^6\ mm^3$ Se toma este módulo para el tramo ABC.

Tramo CD:

$N_2 = T_2 \cdot \cos \beta = 13.418{,}7 \cdot \cos 26{,}56° = 12.002{,}5$ daN

$\sigma = \frac{N_2}{A} \Rightarrow W_2 = \frac{2.000\ N_1}{\sigma} = 2{,}77\ 10^6\ mm^3$

EJERCICIO B 17.1

ENUNCIADO: Dimensionar un vehículo grúa, tomar para ello cuantas suposiciones sean necesarias. El cable tiene una resistencia de 180 Kg/mm^2. El aparato posee una frecuencia elevada de la carga máximas, y se le estima una duración del mecanismo de 3200 horas.

DATOS:

Q_u = 25.000 daN
Alcance mínimo = 3 m
Pluma = 2 tramos de 10 metros

SOLUCION:

1. Gancho:

Tabla B 1.1. $\Rightarrow Q_u = 25.000 \Rightarrow Q_g = 228$ daN

$Q_{total} = Q_u + Q_g = 25.000 + 228 = 25.228$ daN

2. Cable:

- Clasificación (Tabla B 2.17): Grupo M6 $\Rightarrow K_C$ (Tabla B 2.18.)= 0,315 $\quad S = \dfrac{Q_{total}}{\text{n}^{\circ}\ \text{ramales} \cdot \eta}$

$$d_{cable} = K_C \cdot \sqrt{S} = 0{,}315 \cdot \sqrt{25.228 / 1 \cdot 1} = 50{,}03 \text{ mm} \quad \text{(excesivo según tabla B 2.9.)}$$

Colocamos 8 ramales: (Tabla B 2.19.) $\Rightarrow \eta = 0{,}93$

$$d_{cable} = K_C \cdot \sqrt{Q_{total} / \text{n}^{\circ}\ \text{ramales} \cdot \eta} = 0{,}315 \cdot \sqrt{25.228 / 8 \cdot 0{,}93} = 18{,}34 \text{ mm}$$

Vamos a la tabla B 5.4. $\Rightarrow d_{cable}$ =18,34 mm ≈ 19 mm

- Tipo de cable, grúas de gran altura de elevación (Tabla B 2.9.): 8 x 19 x (1+6+12) + alma textil

Debido a que seguramente, se introduce mas peso en línea de carga debido al aparejo, vamos a seleccionarlo antes para evaluar su peso y hacer los cálculos teniendo en cuenta dicho peso.

3. Aparejo:

Seleccionamos en tablas un aparejo de doble traviesa. En este caso en la tabla de aparejos de 4 poleas, entramos por los aparejos de carga superior a 25 T, que son los de 32 T, además entramos por el grupo M6 que es al que pertenece nuestro aparato, en la columna del peso, obtenemos su valor; **Peso del aparejo de 4 poleas = 1060 daN**. Anotamos otros datos como son; el diámetro del cable = 22 mm; y el diámetro de la polea que está entre 560 mm y 640 mm., la distancia entre poleas = 450 mm, longitud de la traviesa = 750 mm, distancia entre ejes de poleas = 80 mm.

$Q_{Total} = Q_{útil} + Q_{aparejo} = 25.000 + 1060 = 26.060$ >> 25.000 por ello para tomar valores de tabla realizamos los cálculos con valores de tabla, es decir $Q_{Total} = 32.000$ daN.

$$d_{cable} = K_C \cdot \sqrt{Q_{total}/n^o\ ramales \cdot \eta} = 0{,}315 \cdot \sqrt{32.000/8 \cdot 0{,}93} = 20{,}65 \text{ mm}$$

Vamos a la tabla B 5.4. $\Rightarrow d_{cable} = 20{,}65 \text{ mm} \approx 22$ mm que coincide con el tomado en la tabla de los aparejos, por ello es el que tomamos.

- Circuito:

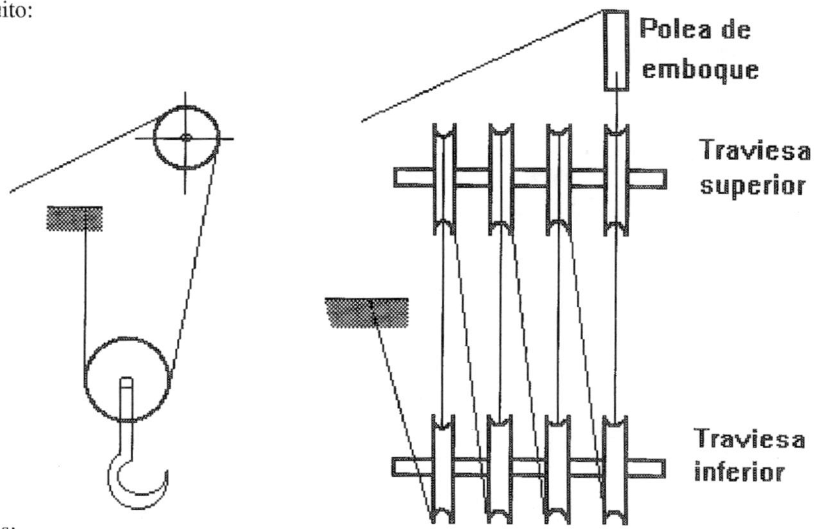

- Poleas:

(Tabla B 3.8.) $\Rightarrow h_1 = 22{,}4$

(Figura B 3.12.) $\Rightarrow h_2 = 1{,}25$

$$d_{polea} = D_1 \geq d_{cable} \cdot h_1 \cdot h_2 = 22 \cdot 22{,}4 \cdot 1{,}25 = 616 \text{ mm}$$

Poleas de Rodamientos de bolas $d_{Polea} = 630$ mm $\Rightarrow$ Peso = 70 × 4 = 280 daN

Dimensiones principales: $d_3 = 100$ mm; $b = 60$ mm; $I_3 = 113$ mm; $d_2 = 700$ mm; $d_6 = 265$ mm

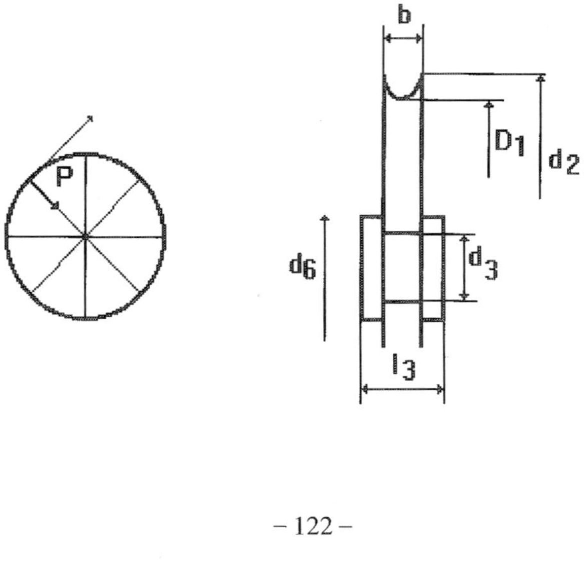

Suponemos poleas de 8 radios soldados:

$$P = 2 \cdot S \cdot \text{sen}\,\gamma / 2 = 2 \cdot \frac{26.060}{8} \cdot \text{sen}\frac{360/8}{2} = 2.493{,}18 \text{ daN}$$

$$l = \frac{2\pi \cdot 630 / 2}{8} = 247 \text{ mm}$$

$$\sigma_{flex} = \frac{P \cdot l}{16 \cdot W}$$

$$W = \frac{I}{y_{max}}$$

$e = 4$

$d_2 = 700$

$D_1 = 630$

$$h = \frac{d_2 - D_1}{2} + e = 39 \text{ mm}$$

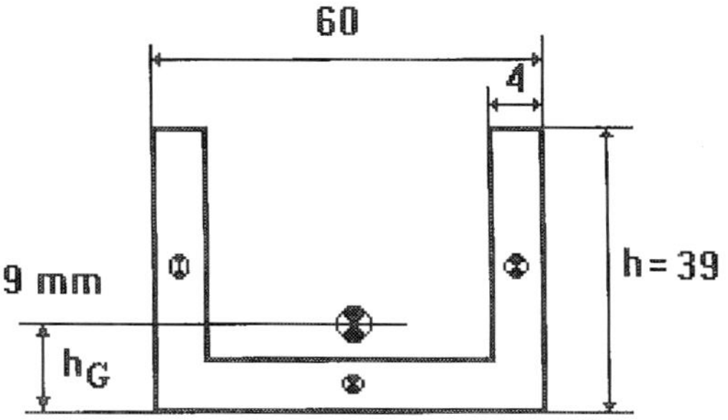

$$h_G = \frac{\sum A_i \cdot h_i}{\sum A_i} = \frac{2 \cdot 39 \cdot 4 \cdot 19{,}5 + (60-8) \cdot 4 \cdot 2}{2 \cdot 39 \cdot 4 + 52 \cdot 4} = 12{,}5 \text{ mm}$$

$$I = \frac{\sum b.h^3}{12} + \sum A_i.h_i^2 =$$

$$= \frac{1}{12}.2.4.39^3 + \frac{1}{12}.52.4^3 + 2.39.4.(19{,}5-12{,}5)^2 + 52.4.(12{,}5-2)^2$$

$\Longrightarrow I = 78.043{,}3 \text{ mm}^4$

$W = \dfrac{I}{39-12{,}5} = 2.945{,}03 \text{ mm}^3$ $\qquad A_C = 2 \cdot 39 \cdot 4 = 312 \text{ mm}^2$

A-42 $\qquad \sigma = 26 \text{ daN / mm}^2$ $\qquad C_S = 1{,}5$ $\qquad \Longrightarrow \sigma_{adm} = 17{,}3 \text{ daN / mm}^2$

$$\sigma_{flexion} = \frac{2.493{,}18 \cdot 247}{16 \cdot 2.945{,}03} = 13{,}06 \text{ daN / mm}^2 < \sigma_{adm} \quad \text{BIEN}$$

$$\tau_{cortante} = \frac{P/2}{A_C} = \frac{2.493{,}18/2}{312} = 3{,}99 \text{ daN / mm}^2$$

$$\sigma_{equiv} = \sqrt{\sigma_f^2 + 3 \cdot \tau_C} = \sqrt{13{,}06^2 + 3 \cdot 3{,}99^2} = 14{,}77 \text{ daN/mm}^2 < 17{,}3 \quad \text{Válido.}$$

- Radios de la polea:

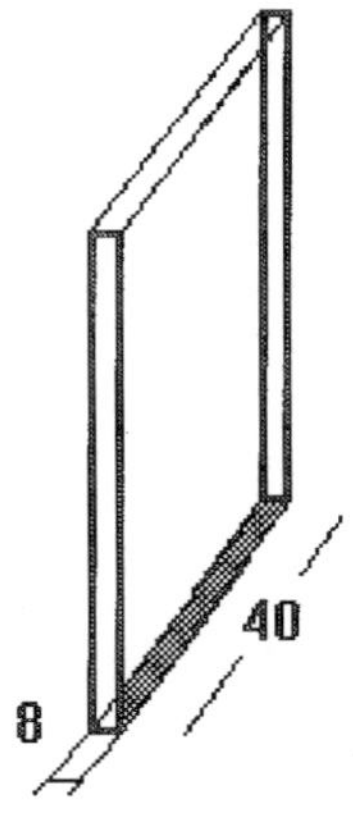

$$I = \frac{1}{12} \cdot 40 \cdot 8^3 = 1.706,6 \text{ mm}^4 \qquad A = 40 \cdot 8 = 320 \text{ mm}^2$$

$$\text{(Radio de giro)} \rightarrow K = \sqrt{\frac{I_{min}}{A}} = \sqrt{\frac{1.706,6}{320}} = 2,309 \text{ mm}$$

$$L = \frac{D_1 - d_6}{2} - e_1 = \frac{630 - 265}{2} - 4 = 178,4 \text{ mm}$$

$$\text{Esbeltez} \rightarrow l = \frac{L}{K} = \frac{178,4}{2,309} = 77,3 \rightarrow w(77,3) = 1,47$$

$$\sigma = \frac{P \cdot w}{A} = \frac{2.493,18 \cdot 1,47}{320} = 11,45 \text{ daN / mm}^2 \Rightarrow C_S = 2,27$$

- Vida del cable: utilizamos la fórmula de Nieman

Utilizamos cableado Lang por ser mas flexible y garganta de r = 0,54 d.

$$n = 1 \; ; \; b_1 = 1 \; ; \; b_2 = 1,11 \; ; \; D = d_{polea} = 630 \; ; \; d = d_{cable} = 22 \; ; \; \sigma_e = \frac{252.280/8}{\pi \cdot 0,011^2} = 82,9 \text{ MPa}$$

$$W = \frac{170.000}{n} \cdot \left(10 \cdot b_1 \cdot b_2 \cdot \frac{\frac{D}{d} - \frac{9}{b_1}}{\sigma_e + 40} \right)^2 = \frac{170.000}{1} \cdot \left(10 \cdot 1 \cdot 1,11 \cdot \frac{\frac{630}{22} - \frac{9}{1}}{82,9 + 40} \right)^2$$

= 535.574 > 150.000 por lo tanto es válido

4. Tambor:

(Tabla B 3.8.) ⇒ $h_1 = 20$

(Figura B 3.12.) ⇒ $h_2 = 1$

$d_{Tambor} = d_{cable} \cdot h_1 \cdot h_2 = 22 \cdot 20 \cdot 1 = 440$ mm

$\sigma = 160$ MPa ⇒ Tabla B 5.6. ($d_{Tambor} = 500$ mm ; $S = 3.502,6 \approx 4.000$ daN)

Espesor de la pared ⇒ h = 8 mm

$d_{cable} = 22$ mm → (s = 25 , r = 12 , a = 3)

Longitud del cable = (20 x 8) + 10 = 170 m

$$\text{N° de espiras} = \frac{L_{cable}}{L_{espira}} = \frac{170}{\pi \cdot 0,5} = 108,22 = 109 \text{ espiras}$$

$L_{tambor\ acanalado}$ = (N° de espiras + 3) · Paso = (109 + 3) · 25 = 2.800 mm

⇒ $L_{carrete} = 500$ mm ⇒ Número de capas de arrollamiento =2800/500 = 5,6 ≈ 6

⇒ altura de las paredes del carrete = (n° de capas + 2) · d_{cable} = (6 + 2) · 22 = 176 mm.

- Peso del tambor:

$$M = V \cdot \rho = \pi \cdot (R^2_{ext} - R^2_{int}) \cdot l \cdot \rho = (250^2 - (250-8)^2) \cdot \pi \cdot 500 \cdot 8 \cdot 10^{-6} = 49{,}46 \text{ daN}$$

Peso total = M + 20% M ≈ 60 daN

- Ángulo de ataque:

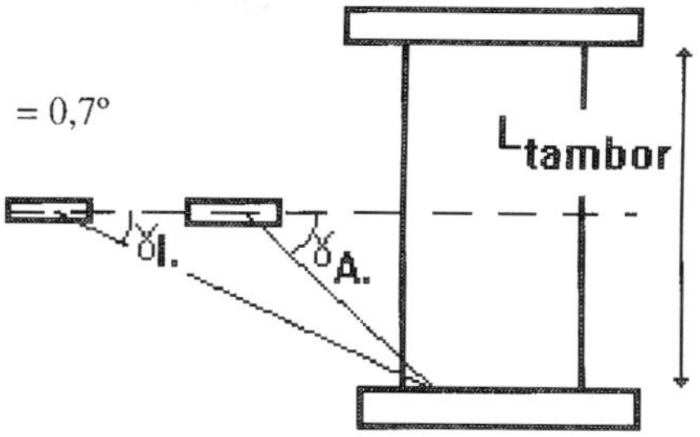

Si $L_{pluma} = 20$ m y $L_{tambor} = 0{,}5$ m $\Rightarrow \gamma = \text{arctg} \dfrac{L_{T/2}}{L_P} = 0{,}7°$

Si $L_{pluma} = 10$ m y $L_{tambor} = 0{,}5$ m $\Rightarrow \gamma = 1{,}43°$

- Reducción en el eje del tambor:

Sea $v_{elev} = 15$ m/min

$$i = \frac{n_m(\text{rpm}) \cdot \pi \cdot d_{tambor}}{v_{elev}} \cdot \frac{n_r(T)}{n_r(a)} = \frac{n_2 \cdot \pi \cdot 0{,}5}{15} \cdot \frac{1}{8} \Rightarrow \quad i = n_2 \cdot 0{,}013$$

5. Pluma:

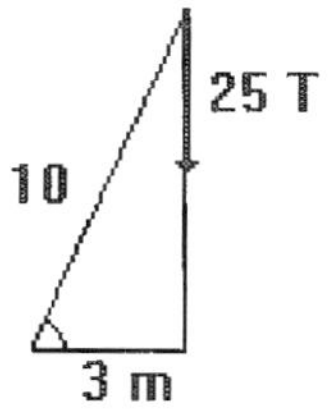

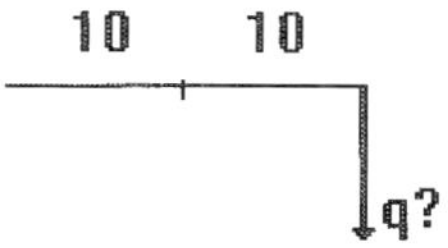

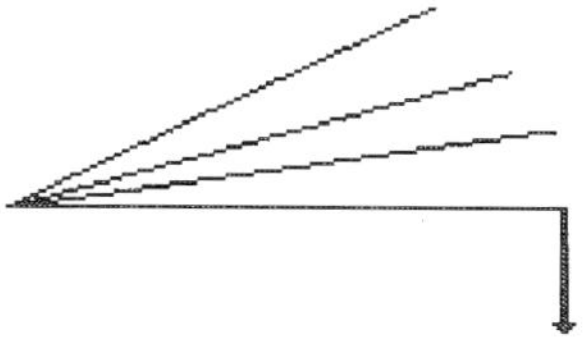

Debe haber el mismo M_f $\quad(\cos \alpha = 3/10 \Rightarrow \alpha = 72{,}5°)$

$M_f = 25.000 \cdot 3 = 75.000$ daN m

$M_f = x \cdot 20 = 75.000 \Rightarrow x = 3.750$ daN

$P_2 = Q_T \cdot \text{sen}\, \alpha = 26.060 \cdot \text{sen}\, \alpha = 24.853{,}8$ daN
$P_1 = Q_T \cdot \cos \alpha = 26.060 \cdot \cos \alpha = 7.836$ daN

$$\sigma_A = \frac{P_1 \cdot L}{W_A} + \frac{P_2}{A_A}$$

$$\tau_A = \frac{P_1}{A_A}$$

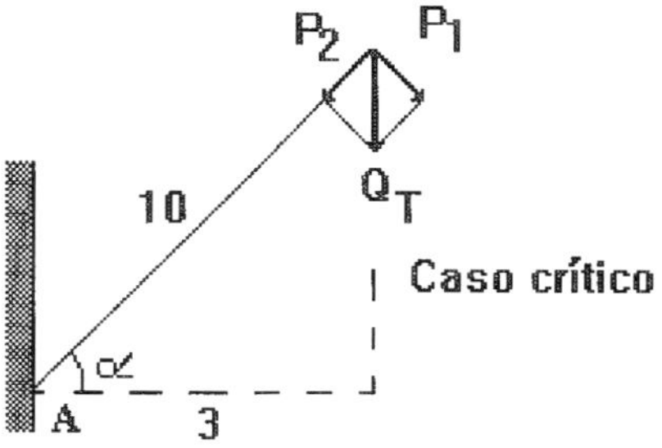

En bastidores y plumas se usa F-114: (σ = 70 daN/mm^2 ; C_S = 2) $\Longrightarrow \sigma_{adm}$ = 35 daN / mm^2

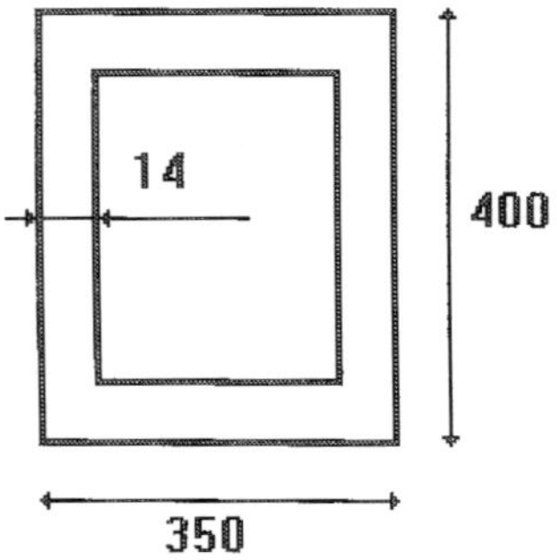

$$I = \frac{1}{12}\left[350 \cdot 400^3 - 322 \cdot 372^3\right]$$

$$I = 485{,}3 \cdot 10^6 \quad mm^4$$

$$W_A = \frac{I}{y_{max}} = \frac{485{,}3 \cdot 10^6}{200} = 2{,}426 \cdot 10^6 \quad mm^3$$

$$A_A = 400 \cdot 2 \cdot 14 + 322 \cdot 2 \cdot 14 = 20.216 \quad mm^2$$

$$\sigma = \frac{7.836 \cdot 10 \cdot 10^3}{2{,}426 \cdot 10^5} + \frac{24.853{,}8}{20.216} = 33.52 \quad daN / mm^2 \quad < \sigma_{adm}$$

Peso aproximado de la pluma: (400·2·14·20.000 + 322·2·14·20.000) · 7,8·10^{-6} = 3.153 daN

6. Bastidor:

- Componente longitudinal:

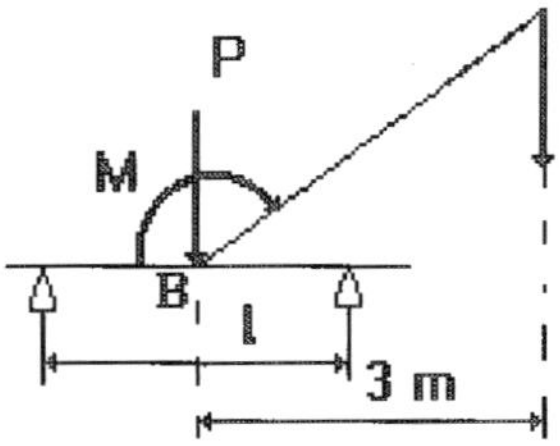

$$\sigma_B = \frac{P \cdot l}{4 \cdot W_B} + \frac{M}{W_B}$$

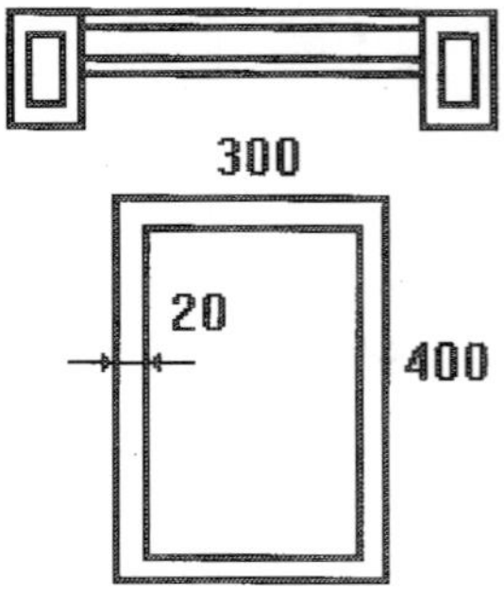

$$M = (Q_T / 2) \cdot 3.000 + (3.153 / 2) \cdot 1.500 = 41{,}45 \cdot 10^6 \quad daN\ mm$$

$$P = (26.060 + 3.153) / 2 = 14.606{,}5 \text{ daN}$$

Suponemos $l = 4$ m

$$I = \frac{1}{12} \cdot \left[300 \cdot 400^3 - 260 \cdot 360^3\right] = 5{,}89 \cdot 10^8 \ mm^4$$

$$W_B = \frac{I}{200} = 2{,}95 \cdot 10^6 \quad mm^3$$

$$\sigma = \frac{14.606{,}5 \cdot 4.000}{4 \cdot 2{,}95 \cdot 10^6} + \frac{41{,}45 \cdot 10^6}{2{,}95 \cdot 10^6} = 19{,}00 \quad daN / mm^2$$

- Componente lateral:

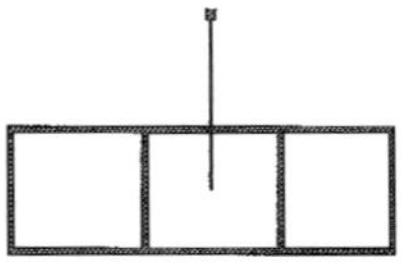

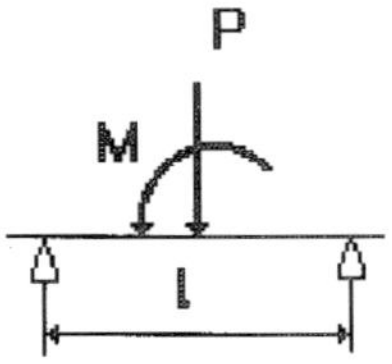

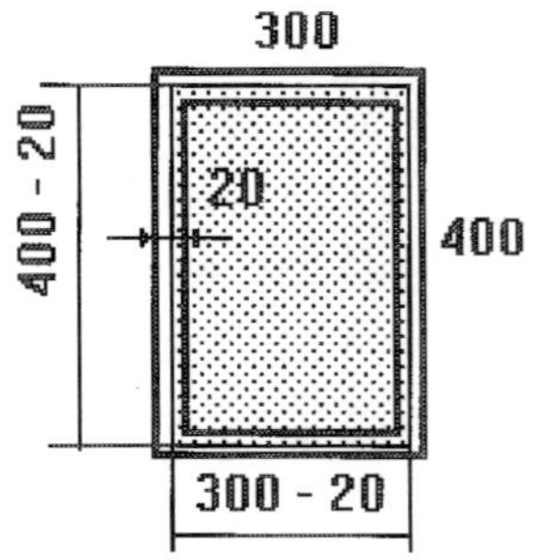

$M_T = 26.060 \cdot 3.000 + 3.153 \cdot 1.500 = 82{,}9 \cdot 10^6$

$A_e = 280 \cdot 380 = 106.400 \quad mm^2$

$e = 20 \quad mm$

$W' = 2 \cdot A_e \cdot e = 2 \cdot 106.400 \cdot 20 = 4.256.000 \quad mm^3$

$W = \dfrac{I}{200} = 2{,}95 \cdot 10^6 \quad mm^3$

$$\sigma = \sqrt{\left(\frac{P \cdot l/4}{W}\right)^2 + 3 \cdot \left(\frac{M_T}{W'}\right)^2} = \sqrt{\left(\frac{29.213 \cdot 4.000}{4 \cdot 2{,}95 \cdot 10^6}\right)^2 + 3 \cdot \left(\frac{82{,}9 \cdot 10^6}{4{,}256 \cdot 10^6}\right)^2}$$

$\sigma = \sqrt{9{,}9^2 + 3 \cdot 19{,}4^2} = 35{,}16 \quad daN / mm^2$

$Peso = 2 \cdot [(400 \cdot 2 \cdot 20) + (260 \cdot 2 \cdot 20)] \cdot 1 \cdot 7{,}8 \cdot 10^{-6} = 2.471 \text{ daN} \approx 2.500 \text{ daN}$

Suponiendo los siguientes pesos aproximados:

Motor:	700 daN
Bastidor:	2.500 daN
Caja de cambios:	200 daN
Freno:	500 daN
Eje delantero: (Ballestas + ruedas)	1.000 daN
Eje trasero motor: (Ballestas + ruedas)	1.500 daN
Cabina:	1.500 daN
Pluma:	3.100 daN
Peso estructura giratoria y peso del contrapeso:	1.000 daN
TOTAL:	**12.000 daN**

7. Cálculo de estabilizadores:

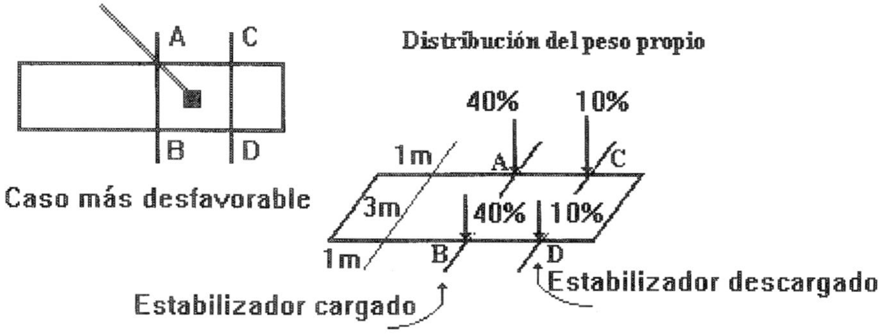

$P_A = 12 \cdot 40\ \% = 4{,}8 \cdot 10^3$ daN

$P_B = 12 \cdot 40\ \% = 4{,}8 \cdot 10^3$ daN

$P_C = 12 \cdot 10\ \% = 1{,}2 \cdot 10^3$ daN

$P_D = 12 \cdot 10\ \% = 1{,}2 \cdot 10^3$ daN

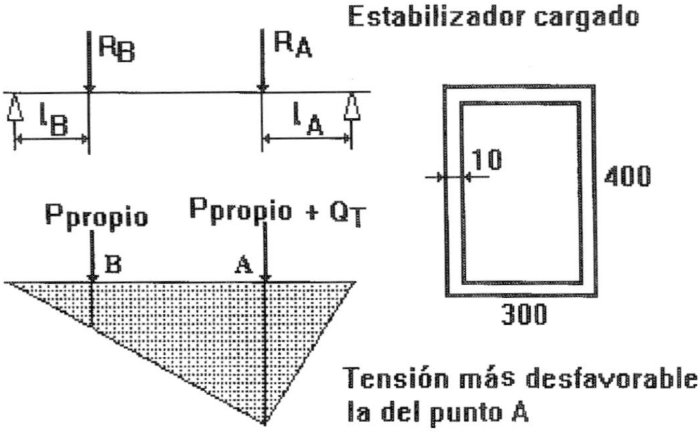

$4{,}8 \cdot 10^3 + 26.060 \cdot 10^3 = 30.860$ daN

$$I = \frac{1}{12}(300 \cdot 400^3 - 280 \cdot 380^3) = 319{,}653 \cdot 10^6 \quad mm^4$$

$$W_A = \frac{I}{200} = 1{,}598 \cdot 10^6 \quad mm^3$$

$$A_A = (400 \cdot 2 \cdot 10) + (280 \cdot 2 \cdot 10) = 13.600 \quad mm^2$$

$$\sigma_A = \frac{R_A \cdot l_A}{W_A} = \frac{30.860 \cdot 1.000}{1{,}598 \cdot 10^6} = 19{,}31 \quad daN/mm^2$$

$$\tau_A = \frac{30.860}{13.600} = 2{,}26 \ daN/mm^2$$

$$\sigma_{equiv} = 19{,}7 < 35$$

8. Ejes de la grúa:

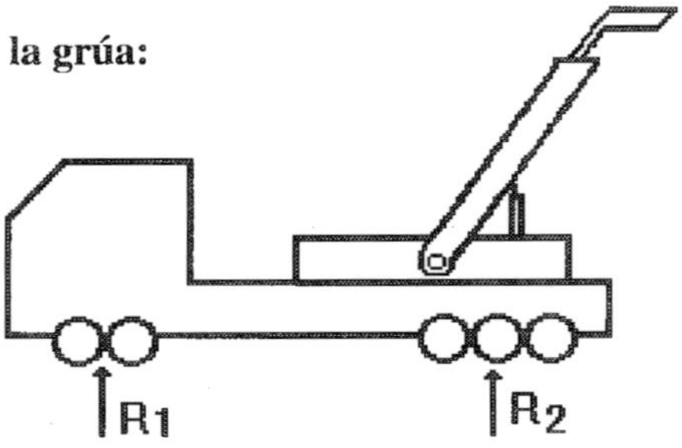

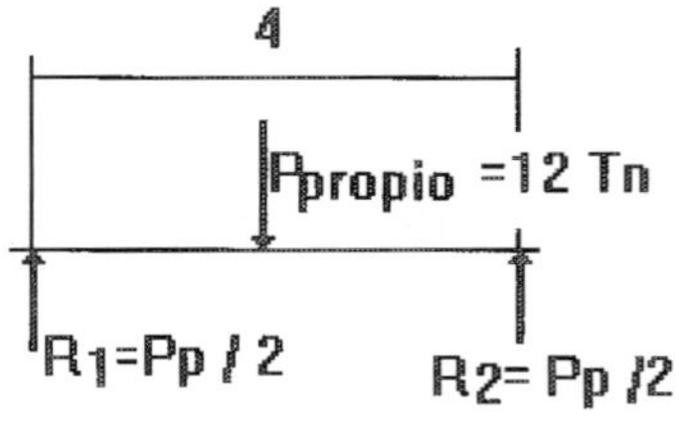

Ejes delanteros:

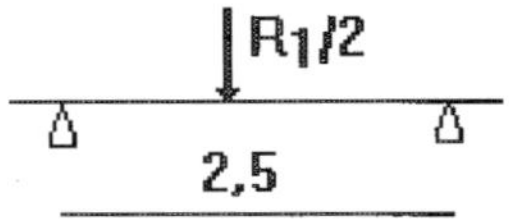

Ejes traseros:

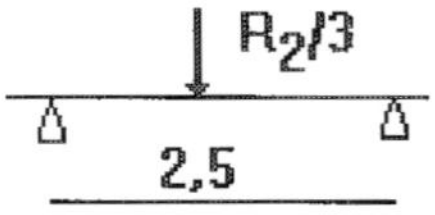

9. Potencias:

9.1. Circuito de elevación de la carga:

$v_{elev} = 15 \quad m/min \qquad \eta_T = 0{,}85$

$Q_T = Q_{útil} + Q_{aparejo} = 25.000 + 1060 = 26060 \quad daN$

$$P = \frac{Q_T \cdot v_{elev}}{4.500 \cdot \eta} = \frac{26.060 \cdot 15}{4.500 \cdot 0{,}85} = 102{,}19 \quad CV$$

$P = 125$ CV ($n_1 = 1.500$ rpm ; $n_2 = 1.475$ rpm) 1 LS2 224 - 4 A A2

$M_{máx} / M = 3{,}8$; $M = 582$ Nm; Peso = 980 daN

- Reducción en el eje tambor:

$i = n_2 \cdot 0{,}013 = 1.475 \cdot 0{,}013 = 19{,}3$

- Cálculo del freno:

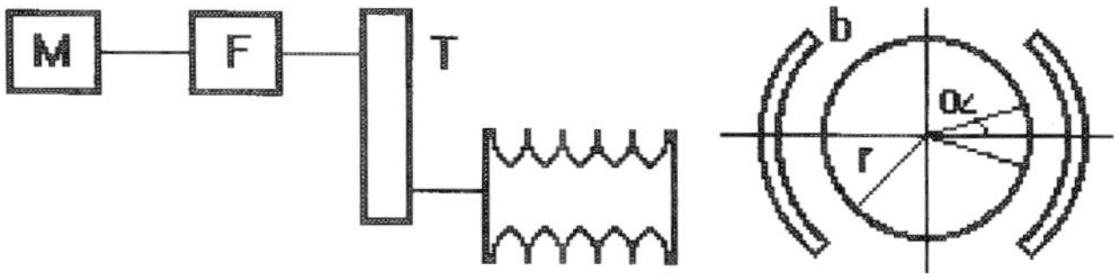

$M_{máx} = 3{,}8 \cdot M = 3{,}8 \cdot 582 = 2.211{,}6$ N m (Electromecánica, mordaza)

$M_{max\ freno} = M_{máx} \cdot 2{,}5 = 5.529$ N m

$M_{freno} = 4 \cdot b\, r^2 \cdot p \cdot tg\, \psi \cdot \alpha$

($\alpha = \pi / 4 = 0{,}78$; **tg** $\psi = 0{,}3$; **p** $= 10^6$ N /m ; **b** $= 0{,}05$ m; **r** $= 0{,}35$ m)

$M_{freno} = 5.733$ N m $> M_{max\ freno}$

9.2. Elevación de pluma:

El movimiento se realiza sin carga útil; el caso más desfavorable es el de pluma vertical.

P = Peso de los tramos a elevar + Peso del aparejo y sistema de reenvío.

Peso de 2 tramos = 3.153 daN

Peso del aparejo y sistema de reenvío ≈ 2 · 1.060 daN = 2.120 daN

⟹ Peso total = 5.273 daN

Suponemos $v_{elevación\ pluma} = 6$ m/min

$$P_W = \frac{F \cdot v_{elev\ pluma}}{4.500 \cdot \eta} = \frac{5.273 \cdot 6}{4.500 \cdot 0{,}85} = 8{,}27 \text{ CV} = 10 \text{ CV} \Longrightarrow \text{Peso} = 110 \text{ daN}$$

9.3. Potencia de extensión de la pluma:

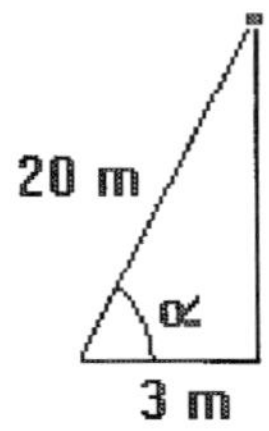

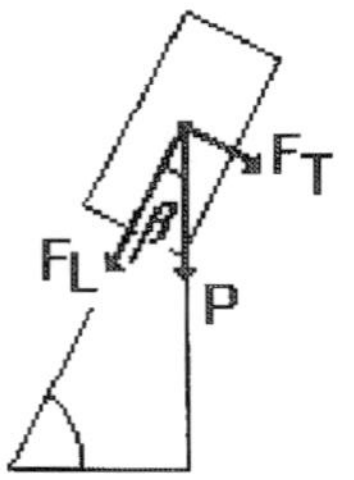

$3 = 20 \cdot \cos \alpha \Longrightarrow \cos \alpha = 3 / 20 \Longrightarrow$

$\alpha = \text{arctg } 3 / 20 \Longrightarrow \alpha = 81{,}4^{\circ}\ ; \beta = 8{,}6^{\circ}$

$$P = \frac{F \cdot v_{ext}}{4.500 \cdot \eta}$$

$F = F_L + \mu \cdot F_T$

$\mu = 0{,}1 \quad \eta = 0{,}85 \quad v_{ext} = 10 \text{ m / min}$

$$P = P_{tramo} + P_{carga} + 2 \cdot P_{aparejo} = \frac{3.153}{2} + 25.000 + 2 \cdot 1060 = 28.696{,}5 \quad \text{daN}$$

$F_L = P \cdot \cos \beta = 28.373{,}8 \text{ daN}$

$F_T = \mu \cdot P \cdot \text{sen } \beta = 0{,}1 \cdot 28.696{,}5 \cdot \text{sen } 8{,}6 = 429{,}1 \text{ daN}$

$F = F_L + \mu \cdot F_T = 28.373{,}8 + 429{,}1 = 28.802{,}9 \quad \text{daN}$

$$P_{ext} = \frac{28802{,}9 \cdot 10}{4.500 \cdot 0{,}85} = 75{,}3 \quad \Rightarrow 82 \text{ CV} \Rightarrow \text{Peso} = 745 \quad \text{daN}$$

9.4. Potencia de giro:

Suponemos; $D = 1{,}5$ m $\quad \mu = 0{,}08 \quad n = 1{,}2$ rpm

$Q = Q_u + Q_{pluma} + Q_{aparejo} + Q_{estructura\ giratoria} =$

$= 25.000 + 3.153 + 2 \cdot 1.060 + 500 = 30.773 \quad \text{daN}$

$M = Q \cdot \mu \cdot D/2 = 30.773 \cdot 0{,}08 \cdot 1{,}5/2 = 1846{,}38 \quad \text{daN m}$

$$P = \frac{M \cdot n}{716{,}2 \cdot 0{,}85} = \frac{1846{,}38 \cdot 1{,}2}{716{,}2 \cdot 0{,}85} = 3{,}63 \text{ CV} = 5{,}5 \quad \text{CV}$$

Comprobación de la potencia de arranque:

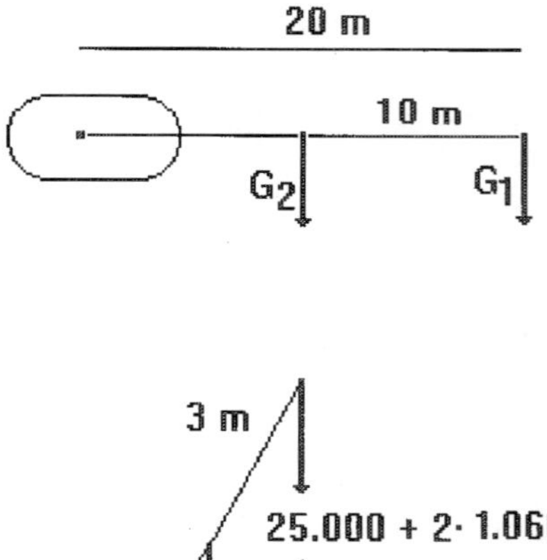

$G_2 = P_{pluma} = 3.153$

$G_1 = P_u + 2 \cdot P_{aparejo} = 25.000 + 2 \cdot 1060 = 27.120 \text{ daN}$

$t_a = 8 \text{ seg}$

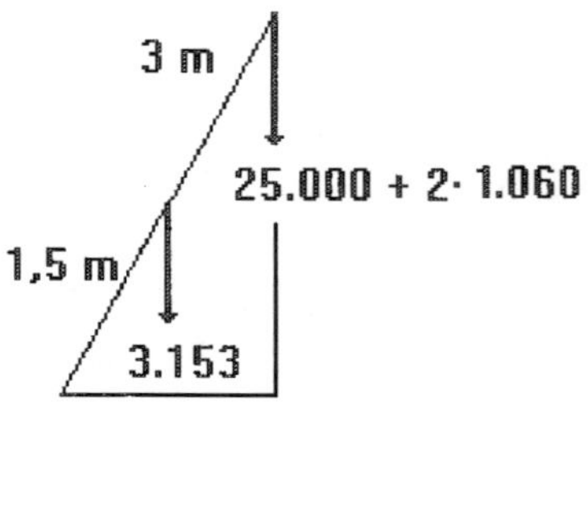

$$I_t = \frac{\Sigma G_1 \cdot r_1^2}{g} = \frac{27.120 \cdot 3^2 + 3.153 \cdot 1{,}5^2}{10} = 25.117{,}4$$

$$\varepsilon = \frac{\pi \cdot n}{30 \cdot t_a} = \frac{\pi \cdot 1{,}2}{30 \cdot 8} = 0{,}0157$$

$$P_b = \frac{I_t \cdot \varepsilon \cdot n}{716 \cdot \eta} = \frac{25.117{,}4 \cdot 0{,}0157 \cdot 1{,}2}{716{,}2 \cdot 0{,}85} = 0.777 \quad \text{CV}$$

$P_W + P_b = 3{,}63 + 0{,}77 = 4{,}4 \text{ CV} < 5{,}5 \text{ CV}$

PRÁCTICAS DE TRANSPORTES
PARTE B. GRÚAS.

PRÁCTICA B 1.

TÍTULO

Dimensionamiento de elementos de los sistemas de elevación y traslación de grúas.

OBJETIVO

El primer objetivo de esta práctica es el cálculo y diseño de los distintos elementos que componen los sistemas de elevación y traslación de una grúa. El segundo objetivo consiste en el conocimiento de la composición y funcionamiento de los diferentes elementos que componen los sistemas mencionados a través de la visualización y análisis de los mismos. El tercer objetivo, es familiarizar al alumno con técnicas de optimización de dichos elementos con relación a variables como el coste ó su peso.

MATERIAL y MÉTODO

Mediante el programa de cálculo "Elementos de grúas" se diseñarán y calcularán cada uno de los elementos que se indican en los apartados siguientes. El alumno partiendo de unos datos concretos realizará los diseños pertinentes para obtener como resultado el elemento mas adecuado a los criterios de partida.

RESULTADOS

El alumno deberá confeccionar una tabla de resultados para cada uno de los apartados propuestos.

DURACIÓN

El tiempo para la realización de la práctica es de cuatro horas.

DESARROLLO

APARTADO B 1.1.(a)

Cálculo, diseño y selección de elementos de suspensión de grúas. Ganchos.

DATOS:

- ✧ Carga útil (daN).

HIPÓTESIS:

- ✧ Tipo de gancho (simple o doble).

RESULTADOS:

- ✧ Peso (daN).
- ✧ Dimensiones (mm).

APARTADO B 1.1.(b)

Cálculo, diseño y selección de elementos de suspensión de grúas. Cucharas.

DATOS:

- ✧ Densidad aparente para cucharas normales(Tm/m^3).
- ✧ Capacidad de la cuchara (m^3).

HIPÓTESIS:

- ✧ Tipo de cuchara (de uno, dos o cuatro cables ó eléctricas).
- ✧ Clases de cucharas de dos o cuatro cables (normales, pólipo ó cereales)

RESULTADOS:

- ✧ Peso (daN).
- ✧ Dimensiones (mm).

APARTADO B 1.1.(c)

Cálculo, diseño y selección de elementos de suspensión de grúas. Spreaders.

DATOS:

- ✧ Carga útil (daN).
- ✧ Peso del contenedor (daN).
- ✧ Dimensiones (longitud tramos: A, B, C y D) (mm).
- ✧ Dimensiones (altura, anchura y espesor de secciones A, B y C) (mm).

HIPÓTESIS:

- ✧ Material.
- ✧ Tensión límite.

RESULTADOS:

- ✧ Peso total (daN).
- ✧ Coeficientes de seguridad tramos A, B y C.

APARTADO B 1.2.

Cálculo, diseño y selección de cables.

DATOS:

- ✧ (según el apartado B 1.1).
- ✧ Número de ramales.

HIPÓTESIS:

- ✧ Grupo de funcionamiento.
- ✧ Tipo de cable (antigiratorio o normal).
- ✧ Resistencia (180 ó 200 Kg/mm2).
- ✧ Seleccionar el tipo de grúa.

RESULTADOS:

- ✧ Coeficiente de grupo (K_C ó Zp).
- ✧ Diámetro del cable (mm).
- ✧ Tipo de cable.
- ✧ Número de flexiones.

APARTADO B 1.3.

Cálculo, diseño y selección de poleas de cable.

DATOS:

- ✧ (según el apartado B 1.1. y B 1.2.).
- ✧ Llanta (espesor llanta, nº de radios, límite elástico).
- ✧ Radios (espesor, anchura, límite elástico).

HIPÓTESIS:

- ✧ Seleccionar coeficientes h_1 y h_2.
- ✧ Tipo de polea.

RESULTADOS:

- ✧ Diámetro de polea (mm).
- ✧ Peso de la polea (daN).
- ✧ Coeficiente de seguridad de la llanta.
- ✧ Coeficiente de seguridad de los radios.

APARTADO B 1.4.

Cálculo, diseño y selección de aparejos.

DATOS:

- ✧ (según el apartado B 1.1. , B 1.2. y B 1.3.).

HIPÓTESIS:

- ✧ Material de la traviesa.
- ✧Tipo de aparejo (número de poleas).

RESULTADOS:

- ✧ Tensión equivalente máxima
- ✧ Coeficiente de seguridad (N)
- ✧ Peso (daN)

APARTADO B 1.5.

Cálculo, diseño y selección de tambores.

DATOS:

- ✧ (según el apartado B 1.1. , B 1.2., B 1.3. y B 1.4.).
- ✧ Altura de elevación.
- ✧ Eje (diámetro, longitud, tensión límite).
- ✧ Pared tambor (espesor del costado, diámetro cubo, tensión límite).

HIPÓTESIS:

- ✧ Tensión de trabajo de la virola (80, 160 ó 240 MPa).

RESULTADOS:

- ✧ Diámetro del tambor (mm)
- ✧ Espesor de pared (mm)
- ✧ Paso
- ✧ Número de espiras
- ✧ Longitud del tambor (mm).
- ✧ Tensión equivalente máxima eje (MPa).
- ✧ Tensión equivalente máxima pared tambor (MPa).

APARTADO B 1.6.

Cálculo, diseño y selección de los elementos de rodadura.

DATOS:

- ✧ (según el apartado B 1.1. , B 1.2., B 1.3., B 1.4. y B 1.5.).
- ✧ Peso de la estructura (daN).
- ✧ Peso del carro (daN).

HIPÓTESIS:

- ✧ Presión admisible en el carro.
- ✧ Coeficiente C_3 (vida de la rueda del carro).
- ✧ Coeficiente C_2 (nº de revoluciones) y diámetro de la rueda del carro.
- ✧ Tipo de carril para el carro (Apartado B 1.7.).
- ✧ Presión admisible en la grúa.
- ✧ Coeficiente C_3 (vida de la rueda de la grúa).
- ✧ Coeficiente C_2 (nº de revoluciones) y diámetro de la rueda de la grúa.
- ✧ Tipo de carril para la grúa (Apartado B 1.7.).

RESULTADOS:

- ✧ Diámetro de la rueda del carro (mm).
- ✧ Carga por rueda del carro (daN).

✧ Diámetro de la rueda de la grúa (mm).
✧ Número de ruedas por balancín de la grúa.
✧ Carga por rueda de la grúa (daN).

APARTADO B 1.7.

Cálculo, diseño y selección de los carriles de rodadura.

DATOS:

✧ (según el apartado B 1.1. , B 1.2., B 1.3., B 1.4., B 1.5. y B 1.6.).
✧ Longitud entre apoyos del carril de la grúa.

HIPÓTESIS:

✧ Geometría del carril del carro.
✧ Tipo de carril de la grúa (Llantón + IPE ó Burbach).
✧ Tipo de rodadura en la grúa (Puente ó Pórtico).

RESULTADOS:

✧ Flecha en caso de rodadura tipo puente (mm).
✧ Presión en carril sobre fundación de hormigón (MPa).
✧ Tensión de flexión en carril sobre fundación de hormigón (MPa).

APARTADO B 1.8.(a)

Cálculo, diseño y selección de la motorización del sistema de elevación.

DATOS:

✧ (según el apartado B 1.1., B 1.2., B 1.3., B 1.4., B 1.5., B 1.6. y B 1.7.).
✧ Carga a elevar (daN).
✧ Velocidad de elevación carro (m/min).
✧ Rendimiento mecánico de la transmisión.
✧ Número de ramales a la salida del aparejo.
✧ Número de ramales a la salida del tambor.
✧ Freno de mordaza (ancho banda, radio tambor) (mm).
✧ Freno de disco (sector, radio exterior e interior) (mm).

HIPÓTESIS:

✧ Tipo de freno (mordaza o disco)

RESULTADOS:

✧ Motor (tipo, potencia, velocidad, par nominal y máximo, mto. inercia).
✧ Indice de transmisión.
✧ Par de frenada (Nm).

APARTADO B 1.8.(b)

Cálculo, diseño y selección de la motorización del sistema de traslación del carro.

DATOS:

- ✧ (según el apartado B 1.1., B 1.2., B 1.3., B 1.4., B 1.5., B 1.6. y B 1.7.).
- ✧ Carga a elevar (daN).
- ✧ Peso propio del carro (daN).
- ✧ Velocidad de translación carro (m/min).
- ✧ Rendimiento mecánico de la transmisión.
- ✧ Superficie expuesta al viento (m^2).
- ✧ Freno de mordaza (ancho banda, radio tambor) (mm).
- ✧ Freno de disco (sector, radio exterior e interior) (mm).

HIPÓTESIS:

- ✧ Coeficiente de rozamiento (rodamiento o casquillos de bronce).
- ✧ Tiempo de aceleración.
- ✧ Tipo de freno (mordaza o disco).

RESULTADOS:

- ✧ Motor (tipo, potencia, velocidad, par nominal y máximo, mto. inercia).
- ✧ Par de arranque (Nm).
- ✧ Indice de transmisión.
- ✧ Par de frenada (Nm).

APARTADO B 1.8.(c)

Cálculo, diseño y selección de la motorización del sistema de traslación de la grúa.

DATOS:

- ✧ (según el apartado B 1.1., B 1.2., B 1.3., B 1.4., B 1.5., B 1.6. y B 1.7.).
- ✧ Carga a elevar (daN).
- ✧ Peso propio del carro (daN).
- ✧ Velocidad de translación de la grúa (m/min).
- ✧ Rendimiento mecánico de la transmisión.
- ✧ Superficie expuesta al viento (m^2).
- ✧ Freno de mordaza (ancho banda, radio tambor) (mm).
- ✧ Freno de disco (sector, radio exterior e interior) (mm).

HIPÓTESIS:

- ✧ Coeficiente de rozamiento (rodamiento o casquillos de bronce).
- ✧ Tiempo de aceleración.
- ✧ Tipo de freno (mordaza o disco).

RESULTADOS:

- ✧ Motor (tipo, potencia, velocidad, par nominal y máximo, mto. inercia).
- ✧ Par de arranque (Nm).
- ✧ Indice de transmisión.
- ✧ Par de frenada (Nm).

PRÁCTICA B 2.

TÍTULO

Predimensionado de la estructura de diferentes tipos de grúas.

OBJETIVO

El primer objetivo de esta práctica es el cálculo y prediseño de la estructura de distintos tipos de grúas. El segundo objetivo consiste en el conocimiento de la composición y funcionamiento de los diferentes tipos de aparatos a través de la visualización y análisis de los mismos. El tercer objetivo, es familiarizar al alumno con técnicas de optimización de la estructura de dichos aparatos con relación a variables como el coste ó su peso.

MATERIAL y MÉTODO

Mediante el programa de cálculo "Aparatos de grúas" se realizará un prediseño y se calcularán diferentes aparatos que se indican en los apartados siguientes. El alumno partiendo de unos datos concretos realizará los prediseños pertinentes para obtener como resultado la estructura de cada aparato, mas adecuado a los criterios de partida.

RESULTADOS

El alumno deberá confeccionar una tabla de resultados para cada uno de los apartados propuestos.

DURACIÓN

El tiempo para la realización de la práctica es de cuatro horas.

DESARROLLO

APARTADO B 2.1.

Prediseño y cálculo de un puente grúa.

DATOS:

- ✧ Carga (daN).
- ✧ Luz (m)
- ✧ Velocidad de elevación (m/min).
- ✧ Peso del carro (daN).
- ✧ Peso del motor de elevación (daN).
- ✧ Velocidad de traslación del puente (m/min).
- ✧ Rendimiento de la transmisión.
- ✧ Tiempo de aceleración (s).
- ✧ Dimensiones del perfil (altura, anchura, espesor) (mm).
- ✧ Costes.

HIPÓTESIS:

- ✧ Tipo de puente (simple o doble).
- ✧ Material.
- ✧ Tipo de cojinetes (rodamiento o casquillos de bronce).
- ✧ Tipo de perfil (cajón, doble T).

RESULTADOS:

- ✧ Flecha (mm)
- ✧ Coeficiente de seguridad.
- ✧ Potencia del motor de traslación (CV).
- ✧ Peso del perfil (daN).
- ✧ Precio (ptas).

APARTADO B 2.2.

Prediseño y cálculo de una grúa pórtico.

DATOS:

- ✧ Carga (daN).
- ✧ Distancia entre postes (m).
- ✧ Altura de elevación (m).
- ✧ Peso del carro (daN).
- ✧ Peso del motor de elevación (daN).
- ✧ Peso del paquete de rodadura (daN).
- ✧ Velocidad de elevación (m/min).
- ✧ Velocidad de traslación del pórtico (m/min).
- ✧ Velocidad de traslación del carro (m/min).
- ✧ Rendimiento de la transmisión.
- ✧ Tiempo de aceleración (s).
- ✧ Dimensiones del perfil viga (altura, anchura, espesor) (mm).

✧ Dimensiones del perfil de postes (altura, anchura, espesor) (mm).
✧ Distancia línea de carga - cdi carro, en caso de carro en voladizo (m).
✧ Costes.

HIPÓTESIS:

✧ Tipo de carro (centrado, en voladizo).
✧ Tipo de grúa pórtico (de dos o cuatro postes).
✧ Material.
✧ Tipo de cojinetes (rodamiento o casquillos de bronce).

RESULTADOS:

✧ Coeficiente de seguridad viga.
✧ Coeficiente de seguridad postes.
✧ Potencia de traslación del pórtico (CV).
✧ Potencia de traslación del carro (CV).
✧ Peso perfiles viga y postes (daN).
✧ Precio (ptas).

APARTADO B 2.3.

Prediseño y cálculo de una grúa consola.

DATOS:

✧ Carga (daN).
✧ Alcance (m).
✧ Altura de elevación (m).
✧ Altura de vigas verticales (m).
✧ Peso del carro (daN).
✧ Peso del motor de elevación (daN).
✧ Velocidad de elevación (m/min).
✧ Velocidad de traslación de la grúa (m/min).
✧ Rendimiento de la transmisión.
✧ Tiempo de aceleración (s).
✧ Dimensiones del perfil viga (altura, anchura, espesor) (mm).
✧ Costes.

HIPÓTESIS:

✧ Material.
✧ Tipo de cojinetes (rodamiento o casquillos de bronce).

RESULTADOS:

✧ Flecha (mm)
✧ Coeficiente de seguridad.
✧ Potencia del motor de traslación.
✧ Peso del perfil (daN).
✧ Precio (ptas).

APARTADO B 2.4.

Prediseño y cálculo de grúas giratorias.

SUBAPARTADO B 2.4.1.
Prediseño y cálculo de una grúa giratoria de columna giratoria.

DATOS:

- ✧ Carga (daN).
- ✧ Alcance (m).
- ✧ Altura columna (m).
- ✧ Peso del carro (daN).
- ✧ Peso del mecanismo de elevación (daN).
- ✧ Peso de la columna (daN).
- ✧ Velocidad de elevación (m/min).
- ✧ Velocidad de traslación del carro (m/min).
- ✧ Velocidad de giro (r.p.m.).
- ✧ Rendimiento de la transmisión.
- ✧ Tiempo de aceleración (s).
- ✧ Dimensiones del perfil viga (altura, anchura, espesor) (mm).
- ✧ Dimensiones soporte superior (h_s, d_s, d) (mm).
- ✧ Dimensiones soporte inferior (h_i, d_i, d, d_0) (mm).
- ✧ Rendimiento de las poleas.
- ✧ Costes.

HIPÓTESIS:

- ✧ Material.
- ✧ Tipo de cojinetes (rodamiento o casquillos de bronce).

RESULTADOS:

- ✧ Flecha (mm)
- ✧ Coeficiente de seguridad de la pluma.
- ✧ Coeficiente de seguridad del soporte superior.
- ✧ Coeficiente de seguridad del soporte inferior.
- ✧ Potencia del motor de traslación del carro (CV).
- ✧ Potencia del motor de giro de la grúa (CV).
- ✧ Peso del perfil de la pluma (daN).
- ✧ Precio (ptas).

SUBAPARTADO B 2.4.2.
Prediseño y cálculo de una grúa de columna fija.

DATOS:

- ✧ Carga (daN).
- ✧ Alcance (m).
- ✧ Altura columna (m).
- ✧ Peso del carro (daN).
- ✧ Peso del mecanismo de elevación (daN).
- ✧ Peso de la columna (daN).
- ✧ Velocidad de traslación del carro (m/min).
- ✧ Velocidad de giro (r.p.m.).
- ✧ Rendimiento de la transmisión.
- ✧ Tiempo de aceleración (s).

✧ Fuerza del viento (daN).
✧ Dimensiones del perfil viga (altura, anchura, espesor) (mm).
✧ Dimensiones soporte superior (h_s, d_s, d) (mm).
✧ Dimensiones soporte inferior (h_i, d_i, d, d_0) (mm).
✧ Peso del macizo de anclaje (daN).
✧ Peso del contrapeso (daN).
✧ Distancia del contrapeso (m).
✧ Rendimiento de las poleas.
✧Dimensiones de la estrella de la base (mm).
✧ Costes.

HIPÓTESIS:

✧ Material.
✧ Tipo de cojinetes (rodamiento o casquillos de bronce).

RESULTADOS:

✧ Flecha (mm)
✧ Coeficiente de seguridad del brazo.
✧ Coeficiente de seguridad del soporte superior.
✧ Coeficiente de seguridad del soporte inferior.
✧ Esfuerzo de tracción del tornillo (MPa).
✧ Presión del terreno (Kg/cm^2).
✧ Potencia del motor de traslación del carro (CV).
✧ Potencia del motor de giro de la grúa (CV).
✧ Peso del perfil de la pluma (daN).
✧ Precio (ptas).

APARTADO B 2.5.

Prediseño y cálculo de grúas de puerto.

SUBAPARTADO B 2.5.1.

Prediseño y cálculo de una grúa de cubierta.

DATOS:

✧ Carga (daN).
✧ Alcance máximo (m).
✧ Alcance mínimo (m).
✧ Altura torre (m).
✧ Diámetro del rodamiento (m).
✧ Velocidad de elevación (m/min).
✧ Velocidad de giro (r.p.m.).
✧ Rendimiento de la transmisión.
✧ Tiempo de aceleración (s).
✧ Coeficiente de rozamiento en rodamiento.
✧ Costes.

HIPÓTESIS:

RESULTADOS:

- ✧ Número de poleas de reenvío.
- ✧ Altura máxima (m).
- ✧ Potencia de giro de la pluma (CV).
- ✧ Precio (ptas).

SUBAPARTADO B 2.5.2.

Prediseño y cálculo de una grúa de puerto.

DATOS:

- ✧ Carga (daN).
- ✧ Alcance (m).
- ✧ Altura de elevación (m).
- ✧ Altura del castillete (m).
- ✧ Diámetro inferior del castillete (m).
- ✧ Diámetro superior del castillete (m).
- ✧ Espesor de la chapa del castillete (mm).
- ✧ Diámetro de rodillos de rodadura del castillete (m).
- ✧ Diámetro del eje de rodillos de rodadura del castillete (m).
- ✧ Coeficiente de rozamiento frente a cargas axiales (μa).
- ✧ Coeficiente de rozamiento frente a cargas horizontales (μb).
- ✧ Coeficiente de rozamiento entre eje y rodillo (μc).
- ✧ Distancia de rozamiento acero-acero (f).
- ✧ Velocidad de elevación (m/min).
- ✧ Velocidad de giro (r.p.m.).
- ✧ Rendimiento de la transmisión.
- ✧ Tiempo de aceleración (s).
- ✧ Costes.

HIPÓTESIS:

- ✧ Material.
- ✧ Tipo de cojinetes (rodamiento o casquillos de bronce).

RESULTADOS:

- ✧ Coeficiente de seguridad en punto A del castillete.
- ✧ Coeficiente de seguridad en punto B del castillete.
- ✧ Potencia de giro de la pluma (CV).
- ✧ Precio (ptas).

APARTADO B 2.6.

Prediseño y cálculo de una grúa portacontenedores.

DATOS:

- ✧ Carga (daN).
- ✧ Lado agua (m).
- ✧ Lado tierra (m).

- ✧ Distancia entre postes (m).
- ✧ Peso de la grúa (daN).
- ✧ Peso del carro (daN).
- ✧ Peso del motor de elevación (daN).
- ✧ Peso del tambor (daN).
- ✧ Velocidad de traslación de la grúa (m/min).
- ✧ Velocidad de traslación del caro (m/min).
- ✧ Rendimiento de la transmisión.
- ✧ Tiempo de aceleración (s).
- ✧ Costes.

HIPÓTESIS:

- ✧ Tipo de carro (estándar, aligerado).
- ✧ Tipo de cojinetes (rodamiento o casquillos de bronce).

RESULTADOS:

- ✧ Contrapeso.
- ✧ Reacción lado tierra (daN).
- ✧ Reacción lado agua (daN).
- ✧ Potencia de traslación del carro (CV).
- ✧ Potencia de traslación de la grúa (CV).
- ✧ Precio (ptas).

APARTADO B 2.7.

Prediseño y cálculo de una grúa torre.

DATOS:

- ✧ Carga en punto A (daN).
- ✧ Carga en punto B (daN).
- ✧ Dimensión l_1 (m).
- ✧ Dimensión l_2 (m).
- ✧ Dimensión l_3 (m).
- ✧ Dimensión l_4 (m).
- ✧ Dimensión h_1 (m).
- ✧ Dimensión h_2 (m).
- ✧ Diámetro del rodamiento de la giratoria (m).
- ✧ Coeficiente de rozamiento del rodamiento de la giratoria .
- ✧ Coeficiente de seguridad de la estructura de la grúa.
- ✧ Momento de inercia (mm^4).
- ✧ Peso propio (daN)
- ✧ Peso del lastre (daN).
- ✧ Peso del contrapeso (daN).
- ✧ Velocidad de traslación de la estructura (m/min).
- ✧ Velocidad de giro (r.p.m.).
- ✧ Relación W/A (momento resistente/sección).
- ✧ Tiempo de aceleración (s).
- ✧ Rendimiento de la transmisión.
- ✧ Costes.

HIPÓTESIS:

- ✧ Material.
- ✧ Tipo de cojinetes (rodamiento o casquillos de bronce).

RESULTADOS:

- ✧ Flecha (m).
- ✧ Diámetro del tirante de la flecha d_A (mm).
- ✧ Diámetro del tirante de la portaflecha d_B (mm).
- ✧ Momento resistente de la portaflecha (mm^3).
- ✧ Momento resistente del mástil (mm^3).
- ✧ Momento resistente de la pluma (tramos AB, BC y CD) (mm^3).
- ✧ Potencia de traslación de la grúa (CV)-
- ✧ Potencia de giro de la grúa (CV).
- ✧ Precio (ptas).

APARTADO B 2.8.

Prediseño y cálculo de un vehículo grúa.

DATOS:

- ✧ Carga (daN).
- ✧ Alcance mínimo (m).
- ✧ Número de tramos.
- ✧ Longitud de cada tramo (m).
- ✧ Diámetro del rodamiento (m).
- ✧ Coeficiente de rozamiento.
- ✧ Peso del aparejo (daN).
- ✧ Peso de otros elementos (daN).
- ✧ Distancia entre apoyos del bastidor (m).
- ✧ Velocidad de giro de la pluma (r.p.m.).
- ✧ Velocidad de extensión de a pluma (m/min)
- ✧ Rendimiento de la transmisión.
- ✧ Tiempo de aceleración (s).
- ✧ Dimensiones de los perfiles.
- ✧ Costes.

HIPÓTESIS:

- ✧ Material.
- ✧ Tipo de cojinetes (rodamiento o casquillos de bronce).

RESULTADOS:

- ✧ Coeficiente de seguridad pluma.
- ✧ Coeficiente de seguridad bastidor.
- ✧ Coeficiente de seguridad estabilizadores.
- ✧ Potencia de giro de la pluma (CV).
- ✧ Potencia de extensión de la pluma (CV).
- ✧ Peso de los perfiles (daN).
- ✧ Precio (ptas).

PROBLEMAS DE TRANSPORTES
PARTE C. TRANSPORTE VERTICAL

EJERCICIO C 2.1

ENUNCIADO: Calcular las potencias de los ascensores siguientes y seleccionar los motores sabiendo que son de dos velocidades.

a) ascensor de pequeña capacidad (4 personas) (cabina de 400 Kg.)

b) ascensor de mediana capacidad (6 personas) (cabina de 600 Kg.)

c) ascensor de gran capacidad (8-10 personas) (cabina de 1000 Kg.)

El rendimiento global es del 40% y la velocidad nominal es de 1,2 m/s. La instalación es de 220 V.

SOLUCIÓN: En primer lugar determinamos la carga no equilibrada de cada uno de ellos utilizando las fórmulas siguientes:

$Q_T = Q_b + Q_u$

$Q_c = Q_u/2 + Q_b$

$Q = Q_T - Q_c$

donde :

Q = carga no equilibrada (daN)

Q_T = peso total de la cabina mas la carga (daN)

Q_b = peso de la cabina (daN)

Q_c = peso del contrapeso (daN)

Q_u = carga útil (daN) = nº de personas × peso por persona (daN)

Entonces tendremos :

a) $Q_u = 4 \times 75 = 300$ Kg.

b) $Q_u = 6 \times 75 = 450$ Kg.

c) $Q_u = 10 \times 75 = 750$ Kg.

El peso de los contrapesos para cada caso será:

a) $Q_c = Q_u/2 + Q_b = 300/2 + 400 = 550$ Kg.

b) $Q_c = Q_u/2 + Q_b = 450/2 + 600 = 825$ Kg.

c) $Q_c = Q_u/2 + Q_b = 750/2 + 1000 = 1375$ Kg.

La carga total de la cabina en cada caso :

a) $Q_T = Q_b + Q_u = 400 + 300 = 700$ Kg.

b) $Q_T = Q_b + Q_u = 600 + 450 = 1050$ Kg.

c) $Q_T = Q_b + Q_u = 1000 + 750 = 1750$ Kg.

Por lo tanto la carga no equilibrada para cada caso será :

a) $Q = Q_T - Q_c = 700 - 550 = 150$ Kg.

b) $Q = Q_T - Q_c = 1050 - 825 = 225$ Kg.

c) $Q = Q_T - Q_c = 1750 - 1375 = 375$ Kg.

Para el cálculo de la potencia se utilizará la fórmula:

$$P = \frac{Q\,v}{75\eta}$$

donde :

v = velocidad de régimen en m/s

h = rendimiento del conjunto

P = potencia en C.V.

Por lo tanto la potencia nominal necesaria para cada uno de ellos es:

a) $P = 150 \times 1{,}2 / 75 \times 0{,}4 = 6$ CV. De acuerdo con la Tabla C 2.3 seleccionamos el siguiente motor:

P = 7.33 CV (5.4 KW)

n = 1500 / 375 (l/min)

IMA/IMN = 350

IMN (alta velocidad) = 24 A

IMN (baja velocidad) = 23 A

La elección del motor se ha realizado de esta forma dado que el motor elegido es el primer motor de la tabla que cumple el requerimiento de tener una potencia superior a 6 CV. El resto de los motores al ser también de dos velocidades se seleccionarán en la Tabla C 2.3

b) $P = 225 \times 1{,}2 / 75 \times 0{,}4 = 9$ CV. En este caso, el motor seleccionado es:

P = 9.10 CV (6.7 KW)

n = 1500 / 375 (l/min)

IMA/IMN = 350

IMN (alta velocidad) = 33 A

IMN (baja velocidad) = 27 A

c) $P = 375 \times 1{,}2 / 75 \times 0{,}4 = 15$ CV. En este caso, el motor seleccionado es:

P = 16.98 CV (12.5 KW)

n = 1500 / 333 (l/min)

IMA/IMN = 350

IMN (alta velocidad) = 50 A

IMN (baja velocidad) = 47 A

EJERCICIO C 2.2

ENUNCIADO: Determinar el par de frenada de un freno electromagnético de un ascensor de pasajeros con los siguientes parámetros:

Carga de pasaje:	Q_u = 630 Kg.
Peso de la cabina	Q_b = 737 Kg.
Peso del contrapeso:	Q_c = 1020 Kg.
Altura máxima:	H = 33,6 m
Velocidad:	v = 1,6 m/s
Factor de cable	i = 1
r.p.m del motor	n = 1500 r.p.m.
Momento de inercia del motor	I_m = 0.205 Kg. m^2
Diámetro de la polea de tracción	D_T = 610 mm

SOLUCIÓN : Dado que el freno electromagnético se aplica a velocidad prácticamente nula, el par de frenada mecánico bajo condiciones normales de operación será aproximadamente igual al par estático. De todas formas, en el caso de un corte de energía eléctrica cuando la cabina alcanza el piso más inferior con la carga equivalente al 125 % de la carga nominal, el freno deberá ser capaz de detener la cabina de forma fiable y de conseguir que la cabina alcance la cota del piso más inferior de forma suave. Por lo tanto, ambos pares el estático y el dinámico deben tomarse en consideración.

El par estático toma la siguiente expresión:

donde

$i_G = n / n_v$ con $n_v = (60 \times v) / (\pi \times D_T) = (60 \times 1,6) / (\pi \times 0,610) = 50,09$ r.p.m.
$i_G = 1500 / 50,09 = 29,943$

$M_{est} = (1,25 \times 630 + 737 - 1020) \times 9,81 \times 0,61 / (2 \times 29,943) = 50,43$ N m

El momento dinámico toma la siguiente expresión:

$M_{din} = I \times \varepsilon$ (N m) con $I = I_1 + I_2 + I_3$

siendo

I_1 : momento de inercia del rotor, tambor de freno y tornillo sinfín

I_2 : momento de inercia la rueda del tornillo sinfín y polea

I_3 : momento de inercia de todas las partes del sistema que se mueve linealmente

Con $I_1 = I_m + I_f$, de forma que estimando $I_f = 0,2$ Kg. m^2,

$I_1 = 0,205 + 0,2 = 0,405$ Kg. m^2

Dado que I_2 es relativamente pequeño (hasta $0,3 \times I_1$), consideramos $I_2 = 0,2\ I_1$

y finalmente

$I_3 = (1,25\ Q_u + Q_b + Q_c) \times D_T^2 / (4\ i_G^2)$

$I_3 = (1,25 \times 620 + 737 + 1020) \times 0,61^2 / (4 \times 29,943^2) = 0,2639$ Kg. m^2

Por lo tanto,

$I = 0,405 + 0,081 + 0,2154 = 0,75$ Kg. m^2

Deceleración angular

El tiempo de frenada t_f puede calcularse en base a la relación de deceleración. Esta relación debe especificarse en función de la distancia de frenada bajo condiciones de operación, si no, la cabina sobrepasará el nivel de la planta en caso de corte de fluido eléctrico. En la Figura B C 2.1 se representa la gráfica velocidad / tiempo cuando se aplica un freno eléctrico (1) y cuando se aplica un freno mecánico (2).

Suponiendo que $a = 0,75$ m/s^2,

$t_f = v / a = 1,6 / 0,75 = 2,133$ s

$e = \pi\ n / (30\ t_f) = \pi\ 1500 / (30 \times 2,133) = 73,642$ rad/s^2

y por lo tanto,

$M_{din} = \varepsilon\ I = 0,75 \times 73,642 = 55,23$ N m

El par de frenada total requerido es:

$M_f = M_{est} + M_{din} = 50,43 + 55,23 = 105,66$ N m

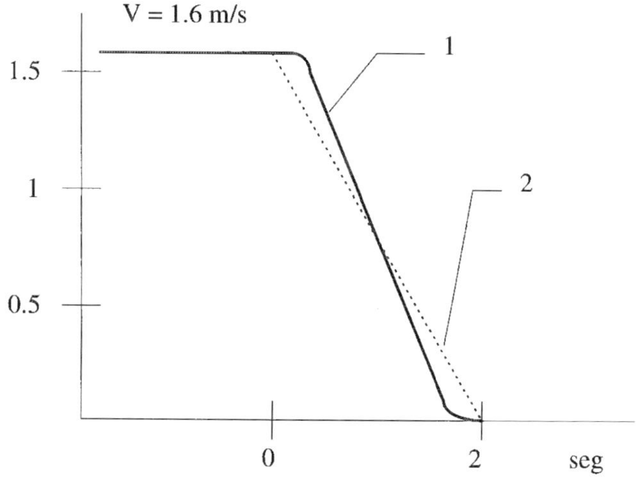

Figura B C 2.1 Diagrama para determinar la relación de deceleración.

Se ha introducido una imprecisión, cuando se ha considerado 1500 r.p.m. como la velocidad del motor en el instante inicial de la frenada. Como el motor trabaja como generador antes de la aplicación del freno, su velocidad sería superior al valor síncrono, pero este aspecto no es de importancia en el cálculo del freno.

El par de frenada real debería ser tan próximo al valor calculado como fuera posible. Suponiendo que el par de frenada real es 110 N m tendríamos:

$M_f = M_{din} - M_{est}$

$110 = 0{,}75\ \pi\ 1500 / (30\ t_f) - 50{,}43$ De aquí se despeja t_f:

$t_f = 0{,}734$ s y por lo tanto la deceleración:

$a = v / t_f = 1{,}6 / 0{,}734 = 2{,}17$ m/s^2.

Aunque esta aceleración es un poco elevada, se puede afirmar que el freno detendrá la cabina en caso del corte de fluido eléctrico.

EJERCICIO C 2.3

ENUNCIADO : Un ascensor de 700 Kg. de peso de la cabina y una carga útil de 630 Kg., cuya polea de tracción posee un diámetro de 610 mm, está accionado por un motor que gira a 1500 r.p.m. Se dispone de un sistema de engrane de tornillo sinfín y corona de 40 mm de diámetro primitivos de tornillo. El número de dientes del tornillo sinfín es de 2 y el de la corona es de 42. La eficiencia de los rodamientos es del 90%. La velocidad de cálculo del ascensor es de 1,5 m/s Se desprecia el peso de los cables de maniobra, y se supone el factor de cable i =1. El ángulo de presión normal es de 20°. La máxima temperatura admisible del aceite en la transmisión es de 50°C y la temperatura ambiente es de 22°C. Con estos datos, calcular la eficiencia del mecanismo de tornillo sinfín y la pérdida de potencia y el calor disipado.

SOLUCIÓN : En primer lugar calcularemos el conjunto de fuerzas que tenemos aplicado en nuestro sistema, para ello calcularemos el valor de los esfuerzos a cada lado de la polea tractora, es decir debido al peso de la cabina cargada y el debido al contrapeso.

Los pesos de la carga útil y la cabina son :

$Q_u = 630$ Kg.

$Q_b = 700$ Kg.

Despreciamos el peso de los cables de maniobra.

El peso del contrapeso por tanto será:

$Q_c = Q_b + Q_u/2 = 700 + 630/2 = 1015$ Kg.

Y el peso de la cabina cargada con la carga máxima valdrá :

$Q_T = Q_b + Q_u = 700 + 630 = 1330$ Kg.

Por lo tanto los valores de las tracciones del cable a ambos lados de la polea valdrán :

$T_1 = Q_T = 13300$ N

$T_2 = Q_c = 10150$ N

La eficiencia de los rodamientos es del 90%, por tanto :

eficiencia de los rodamientos : $h_L = 0{,}9$

Sea un sinfín con 2 dientes que gira a 1500 r.p.m. y una rueda con 42 dientes.

El diámetro del eje sinfín es de 40 mm, por tanto :

$z_p = 2$

$Z_r = 42$

$d_p = 0{,}04$ m

$n_p = 1500$ r.p.m.

En primer lugar calculamos el momento torsor en la polea de tracción:

$$M_T = M_r\, \eta_L^2 = \frac{T_1 - T_2}{2} D_T = \frac{13300 - 10150}{2} 0{,}610 = 960{,}75 \text{ Nm}$$

una vez conocido este momento torsor en la polea M_T, nos permite calcular el momento torsor en la rueda de engrane M_r:

$$M_r = \frac{M_T}{\eta_L^2} = \frac{960{,}75}{0{,}90^2} = 1186{,}11 \text{ Nm}$$

y una vez conocido este se puede obtener directamente el momento torsor que deberá soportar el tornillo sinfín M_p:

para ello es necesario calcular primero el índice de transmisión iG y tener en cuenta además que el rendimiento del mecanismo de engrane con tornillo sinfín que habrá de calcularse.

Sabemos que el paso axial px del tornillo y el paso circular pt de la corona es el mismo si el ángulo entre ejes es de 90º.

Es decir :

pt = px = p

por lo tanto el paso será :

$$d_p = \frac{z_p \, \mathrm{p}}{\pi} \Rightarrow p = \frac{d_p \, \pi}{z_p} = \frac{0{,}04\,\pi}{2} = 0{,}0628 \text{ m}$$

ahora podemos calcular el diámetro de la corona :

$$d_r = \frac{z_r \, \mathrm{p}}{\pi} = \frac{42 \; 0{,}0628}{\pi} = 0{,}839 \text{ m}$$

Sabemos que la velocidad lineal de la corona y la velocidad lineal del tornillo es la misma para un engranaje helicoidal de ejes perpendiculares y la obtenemos de :

$$V_p = \frac{\mathrm{d_p \, n_p} \, \pi}{60} = \frac{0{,}04 \; 1500\,\pi}{60} = 3{,}14 \text{ m/s}$$

El índice de reducción será :

$$\mathrm{i_G} = \frac{n_p}{n_r} = \frac{\dfrac{60 \, \mathrm{v_p}}{\pi \, \mathrm{d_p}}}{\dfrac{60 \, \mathrm{v_r}}{\pi \, \mathrm{d_r}}} = \frac{\dfrac{60 \, \mathrm{v_p}}{\pi \, \mathrm{z_p \, p}}}{\dfrac{60 \, \mathrm{v_r}}{\pi \, \mathrm{Z_r \, p}}} = \frac{\mathrm{Z_r}}{\mathrm{z_p}} = \frac{42}{2} = 21$$

por lo tanto :

$$\mathrm{n_r} = \frac{n_p}{i_G} = \frac{1500}{21} = 71{,}42 \text{ r.p.m.}$$

Cálculo de la eficiencia del mecanismo de tornillo sinfín.

Ya que tenemos que :

$\eta_G = \dfrac{\mathrm{tg}\,\lambda}{\mathrm{tg}(\lambda + \phi)}$ tendremos que hacer los cálculos previos necesarios para poder calcular el rendimiento.

Calculamos el avance del tornillo con la expresión siguiente :

$\mathrm{L} = \mathrm{p_x} \, \mathrm{z_p} = 62{,}8 \;\; 2 = 125{,}6$ mm

consecuentemente podemos hallar el ángulo de avance :

$$\text{tg}\,\phi = \frac{L}{\pi\, d_p} = \frac{125{,}6}{\pi\ 40} \approx 1 \Rightarrow \lambda = 45^{\circ}$$ como era de esperar.

Calculamos el coeficiente de rozamiento m en la gráfica que lo relaciona con la velocidad de deslizamiento V_s para un ángulo de presión de 20° y para una corona con aleación de bronce al fósforo y tornillo de acero pulido y endurecido superficialmente. Para ello calculamos la velocidad de deslizamiento del mecanismo sinfín :

$$V_s = \frac{V_p}{\cos\lambda} = \frac{3{,}14}{\cos 45^{\circ}} = 4{,}44 \text{ m/s}$$

acudiendo a la gráfica de la Figura C 2.12se obtiene un valor aproximado de m = 0,025

Calculamos el coeficiente de fricción con la expresión :

$$\text{tg}\,\phi = \frac{\mu}{\cos\alpha_n} = \frac{0{,}025}{\cos 20^{\circ}} = 0{,}0266 \Rightarrow \phi = \text{arctg}\,0{,}0266 = 1{,}52^{\circ}$$

y por lo tanto la eficiencia de la transmisión es de:

$$\eta_G = \frac{\text{tg}\,\lambda}{\text{tg}(\lambda+\phi)} = \frac{\text{tg}\,45^{\circ}}{\text{tg}(45^{\circ}+1{,}52^{\circ})} = \frac{1}{1{,}05} = 0{,}95 \quad \text{es decir} \quad \eta_G = 95\%$$

Si la transmisión funcionara en sentido inverso tendríamos una eficiencia del :

$$\eta'_G = \frac{\text{tg}\,(\lambda-\phi)}{\text{tg}\,\lambda} = \frac{\text{tg}\,(45^{\circ}-1{,}52^{\circ})}{\text{tg}\,45^{\circ}} = \frac{0{,}95}{1} = 0{,}95 \quad \text{es decir} \quad \eta'_G = 95\%$$

Cálculo de la pérdida de potencia y el calor disipado.

Podemos obtener el momento en el sinfín :

$$\Rightarrow M_p = \frac{M_r}{i_G\,\eta_G} = \frac{1395{,}4}{210{,}95} = 70 \text{ Nm}$$

Conocido M_p, es posible determinar la potencia del motor necesaria para accionar el mecanismo

sabiendo que $n_m = n_p$:

$$M_p = M_m \times \eta_L^2 = 9550 \frac{P}{n_m} \times \eta_L^2$$

$$P = \frac{M_p\, n_m}{9550 \eta_L^2} = \frac{70 \;\; 1500}{9550 \;\; 0{,}9^2} = 13{,}57\ \text{KW} = 18{,}1\ \text{CV}$$

La carga a transmitir es realmente la componente tangencial, porque las componentes radiales y axiales, no son efectivas ya que no transmiten potencia.

Podemos ahora calcular el calor disipado y compararlo con la pérdida de potencia.

$$P_P = P_1 = \frac{M_p\, n_p}{9550} = \frac{70 \;\; 1500}{9550} = 13{,}57\ \text{KW} = 18{,}1\ \text{CV}$$

$$P_r = P_2 = \frac{M_r\, n_r}{9550} = \frac{1395{,}4 \;\; 34{,}1}{9550} = 12{,}88\ \text{KW} = 17{,}18\ \text{CV}$$

La pérdida de potencia puede calcularse a partir de la siguiente ecuación para una reducción directa:

$P_v = P_1 - P_2 = 13{,}57 - 12{,}88 = 0{,}69$ KW

Para calcular la superficie exterior necesitamos calcular primero la distancia entre centros :

$$C = \frac{d_p + d_r}{2} = \frac{0{,}04 + 0{,}839}{2} = 0{,}4395\ \text{m} = 439{,}5\ \text{mm}$$

Calculamos entonces la superficie exterior como:

$$S \approx 9 \times 10^{-5} \times C^{1.85} = 9 \times 10^{-5} \times 439{,}5^{1.85} = 6{,}97\ \text{m}^2$$

En la ecuación anterior habría que aclarar que

Sabiendo que la máxima temperatura admisible del aceite en la transmisión es de 50° C y que la temperatura ambiente es de 22°C, calculamos el incremento de temperatura con la fórmula:

$$\Delta\theta = \frac{\theta_L - \theta_a}{1{,}03 + 0{,}01\sqrt{0.1 n_p}} - 1{,}5 = \frac{50 - 22}{1{,}03 + 0{,}01\sqrt{0{,}11500}} - 1{,}5 = 22{,}8\,°\text{K}$$

Suponemos que la transmisión trabaja a un ritmo bajo y con un ventilador montado en el eje del tornillo sinfín, con lo que la expresión a utilizar para calcular el coeficiente de transferencia de calor es :

$$k \approx 6{,}6 \times 10^{-3} \times \left[1 + 0{,}4 \left(\frac{n_p}{60} \right)^{0.75} \right]$$

$$\mathrm{k} = 6{,}6 \times 10^{-3} \times \left[1 + 0{,}4 \left(\frac{1500}{60} \right)^{0.75} \right] = 0{,}0361 \ \mathrm{KJ\ m^{-2}} \ {}^{\circ}C^{-1} \ s^{-1}$$

Por lo tanto el calor disipado por el reductor en una transferencia estacionaria será:

$K = \Delta\theta \times S \times k = 22{,}8 \times 6{,}97 \times 0{,}0361 = 5{,}73$ KJ/s = 5,73 KW

Como podemos ver se verifica la relación :

5,73 KW > 0,69 KW

Por lo tanto nuestro reductor es capaz de disipar la energía que se produce en él, en caso contrario sería necesario lubricar de alguna manera el tornillo sinfín con algún aceite mineral mediante un baño, ó habría que modificar el diseño y realizar un sistema de transmisión que posea una superficie mayor, es decir aumentando la distancia entre centros, lo que supondría aumentar los diámetros de piñón y corona.

EJERCICIO C 2.4

ENUNCIADO: Se trata de calcular la presión específica de los cables sobre la polea de tracción de un ascensor de las siguientes características:

Peso de la cabina y bastidor	Q_b = 300 Kg. = 3000 N
Carga nominal máxima	Q_u = 325 Kg. = 3250 N
Número de cables proyectados	n = 4
Diámetro de los cables	d = 8 mm
Diámetro de la polea de tracción	D_T = 500 mm
Angulo de la garganta trapezoidal	g = 30° = 0,52356 radianes
Velocidad	v = 0,70 m/s (como no es suspensión diferencial, coincide con la velocidad nominal de la cabina)
Peso de los cables por metro	mL = 0,25 Kg./m
Recorrido	L=30m
Longitud de cada ramal de cable	L + 5 m= 35 metros

SOLUCIÓN : de los datos anteriores se obtiene:

Peso de los cables $Q_L = n \times m_L \times L = 4 \times 0{,}25 \times 35$ m=35 Kg. =350N

Tensión estática del cable: $T = Q_b + Q_u + Q_L = 3.000 + 3.250 + 350 = 6.600$ N

Luego aplicando (Ec. C 2.45):

$$p = \frac{T}{n\, d\, D_T} \frac{3\pi}{2\,\text{sen}(\gamma/2)} = \frac{6600}{4x8x500} \frac{3\pi}{2\,\text{sen}(30/2)} = 7{,}51\, MPa$$

como según (Ec. C 2.47) la presión máxima permitida es:

$p = \frac{12.5 + 4\,v_c}{1 + v_c} = \frac{12{,}5 + 4x0{,}7}{1 + 0{,}7} = 9$ resulta que 7,51 < 9 luego la presión específica es inferior a la máxima permitida.

EJERCICIO C 2.5

ENUNCIADO: Determinar la presión específica y el coeficiente de fricción de las gargantas de estos tres tipos:

(1) trapezoidal de g = 35°

(2) semicircular sin entalla de (a) b = 167° y (b) b = 180°

(3) semicircular con entalla de (a) b =180°, d =90° y (b) b =180°, d =105°

de un ascensor de pasajeros con los siguientes parámetros:

Carga de pasaje:	Q_u = 630 Kg.
Peso de la cabina	Q_b = 737 Kg.
Peso del contrapeso:	Q_c = 1020 Kg.
Altura máxima:	H = 33.6 m
Velocidad:	v = 1.6 m/s
Diámetro del cable:	d = 10 mm
Número de cables:	n = 4
Factor de cable:	i = 1
Peso de los cables por metro	m_L = 0,25 Kg./m

Calcular los valores para dos diámetros de poleas: D_T = 560 mm y D_T = 610 mm

SOLUCIÓN:

$p_{max} = (12,5 + 4 \times v) / (1 + v) = (12,5 + 4 \times 1,6) / (1 + 1,6) = 7,269$ MPa

La carga máxima es:

$T = Q_u + Q_b + Q_L = 6300 + 7370 + (33,6 + 5) \times 2,5 \times 4 = 14056$ N

(1) Para una polea de diámetro 560 mm, la presión específica es:

$p = (14056 \times 3\pi) / (4 \times 10 \times 560 \times 2 \times \text{sen}17,5°) = 9,83$ MPa que es excesivo.

Para una polea de 610 mm:

$p = 9,02$ MPa también excesivo.

Por lo tanto, para una garganta trapezoidal, es necesario o bien aumentar el número de ramales, o bien utilizar cables de mayor diámetro (13 mm)

El coeficiente de fricción

$f = \mu / \text{sen}(\gamma/2) = 0,09 / \text{sen } 17,5° = 0,299$

(2) La presión específica para una garganta semicircular sin entalla, toma la siguiente expresión:

(a) $p = (14056 \times 8) / (4 \times 10 \times 560 \times (\pi \times 167/180 + \text{sen } 167°)) = 1,598$ MPa

(b) $p = (14056 \times 8) / (4 \times 10 \times 560 \times (\pi + \text{sen } 180°)) = 1,597$ MPa

Para una polea de diámetro 610 mm

(a) $p = 1,467$ MPa

(b) $p = 1,466$ MPa

La disminución de la presión específica con la variación del ángulo ? de 167° a 180° no es importante. La presión en ambos casos es muy baja y consecuentemente el coeficiente de fricción, y por lo tanto puede haber problemas con la tracción.

El coeficiente de fricción toma los siguientes valores:

(a) $f = (4 \times 0,09 \times \text{sen } 83,5°) / (\pi \times 167/180 + \text{sen } 167°) = 0,1139$

(b) $f = 4 \times 0,09 / \pi = 0,1146$

(3) La presión específica para una garganta semicircular con entalla, toma la siguiente expresión:

$p = (14056 \times 8 \times \cos 45°) / (4 \times 10 \times 560 \times (\pi - \pi \times 90/180 - \text{sen}90°) = 6{,}21$ MPa

$p = (14056 \times 8 \times \cos 52{,}5°) / (4 \times 10 \times 560 \times (\pi - \pi \times 105/180 - \text{sen}105°) = 8{,}9$ MPa

lo cual es excesivo.

Para una polea de diámetro 610 mm

(a) $p = 5{,}7$ MPa

(b) $p = 8{,}17$ MPa

El coeficiente de fricción toma los siguientes valores:

(a) $f = (4 \times 0{,}09 \times (1 - \text{sen}45°) / (\pi - \pi \times 90/180 - \text{sen}90°) = 0{,}1847$

(b) $f = (4 \times 0{,}09 \times (1 - \text{sen}52{,}5°) / (\pi - \pi \times 105/180 - \text{sen}105°) = 0{,}2168$

En todos los casos, excepto en los que se menciona que la presión específica es excesiva, la suspensión está diseñada correctamente en términos de presión específica. No obstante para finalizar el cálculo de forma total, aun falta estudiar la vida de cables y poleas así como el cálculo de la capacidad de tracción.

EJERCICIO C 2.6

ENUNCIADO: Calcular la capacidad de tracción de la polea de tracción del siguiente ascensor:

Carga de pasaje:	$Q_u = 630$ Kg.
Peso de la cabina	$Q_b = 737$ Kg.
Peso del contrapeso:	$Q_c = 1020$ Kg.
Altura máxima:	$H = 33.6$ m
Velocidad:	$v = 1.6$ m/s
Diámetro del cable:	$d = 10$ mm
Número de cables:	$n = 4$
Factor de cable:	$i = 1$
Peso de los cables por metro	$m_L = 0{,}25$ Kg./m

Calcular los valores para dos diámetros de poleas: $D_T = 560$ mm y $D_T = 610$ mm

SOLUCIÓN:

En primer lugar al no tener datos, supondremos despreciables Q_L y Q_e, evidentemente en caso de tener datos o poder hallarlos en tablas deberían ser incluidos.

Vamos a suponer que existe una polea auxiliar de manera que el ángulo de enrollamiento de cable sobre la polea de arrastre es a = 165°. Primero vamos a calcular el ratio T_1/T_2 :

$T_1/T_2 = (Q_u + Q_b) / Q_c = (630 + 737) / 1020 = 1,3401$

Otra hipótesis de cálculo consiste en suponer que la cabina está estacionada sin carga en el piso más superior, aunque este caso no es tan desfavorable como el anterior:

$T_1/T_2 = Q_c / Q_b = 1020 / 737 = 1,384$

Por lo tanto tomaremos como ratio más desfavorable el calculado en el segundo caso. La inecuación que permite calcular el coeficiente de fricción mínimo es la siguiente:

$$\frac{T_1}{T_2} C_1 C_2 \leq e^{f\alpha}$$

Suponiendo que la aceleración no supere 1,0 m/s², el coeficiente C_1 toma la siguiente expresión:

$C_1 = (g_n + 1) / (g_n - 1) = 1,227$

$C_2 = 1$ para gargantas de polea semicirculares con y sin entalla. Así pues

$T_1/T_2 \times C_1 = 1,384 \;\; 1,227 = 1,6981$

El valor mínimo de f se calcula mediante la expresión:

$1,6981 \leq e^{f\alpha}$ Siendo $\alpha = 165° \Rightarrow$ $f_{min} = 0,1838$

Ahora tenemos el valor mínimo que el f de la polea debería tomar para tener una tracción suficiente.

EJERCICIO C 2.7

ENUNCIADO: Se disponen de 4 modelos de silentblocks de rigideces diferentes. Calcular cuales de ellos son los apropiados para una instalación de un ascensor para 9 plantas en Europa. El grupo tractor de la instalación posee un motor que gira a 1500 r.p.m. El número de silentblocks a instalar a priori es de tres. En dicha instalación se dispone de los pesos de los elementos siguientes :

Motor = 230 Kg.

Freno = 63 Kg.

Reductor = 129 Kg.

Polea = 88 Kg.

Ejes y rodamientos = 50 Kg.

Carcasa = 140 Kg.

Vigas de apoyo = 450 Kg.

La rigidez de cada uno de los silentblocks es :

s_{1a} = 1000 KN/m

s_{1b} = 10.000 KN/m

s_{1c} = 25.000 KN/m

s_{1d} = 50.000 KN/m

SOLUCIÓN: Para saber si cada uno de los silentblocks es válido para esta instalación, calcularemos las frecuencias de naturales de vibración de la instalación y las compararemos con las frecuencias de excitación del motor. Para determinar las frecuencias naturales de vibración es necesario en primer lugar calcular la masa total que entra en juego en la instalación, es decir, la masa de la maquinaria mas la masa de las vigas de apoyo.

Masa Total de la Maquinaria = 230+63+129+88+50+140 = 700 Kg.

Masa de las Vigas de Apoyo = 450 Kg.

Masa Total = 1150 Kg.

Por lo tanto :

$m_m = 700$ Kg.

$m_b = 450$ Kg.

$m_s = 1150$ Kg.

$m_s = m_m + m_b = 700 + 450 = 1150$ Kg.

Conociendo la rigidez de cada uno de los silenblocks y el número de silenblocks podemos calcular la rigidez total del sistema de amortiguación para cada caso:

$s_a = n \times s_{1a} = 3 \times 1.000 = 3.000$ KN/m

$s_b = n \times s_{1b} = 3 \times 10.000 = 30.000$ KN/m

$s_c = n \times s_{1c} = 3 \times 25.000 = 75.000$ KN/m

$s_d = n \times s_{1d} = 3 \times 50.000 = 150.000$ KN/m

Seguidamente calculamos la frecuencia natural del sistema mediante la fórmula:

$$f_r = \frac{1}{2\pi} \times \sqrt{\frac{s}{m_s}} = \frac{1}{2\pi} \times \sqrt{\frac{n \times s_1}{m_s}} \ \text{(1/s)}$$

que aplicada a cada uno de los tipos de silentblocks será:

$$f_{ra} = \frac{1}{2\pi} \times \sqrt{\frac{s_a}{m_s}} = \frac{1}{2\pi} \times \sqrt{\frac{3 \times s_{1a}}{1150}} = \frac{1}{2\pi} \times \sqrt{\frac{3 \times 1000000}{1150}} = 8{,}12 \ \text{(1/s)}$$

$$f_{rb} = \frac{1}{2\pi} \times \sqrt{\frac{s_b}{m_s}} = \frac{1}{2\pi} \times \sqrt{\frac{3 \times s_{1b}}{1150}} = \frac{1}{2\pi} \times \sqrt{\frac{3 \times 10000000}{1150}} = 25{,}7\ (1/s)$$

$$f_{rc} = \frac{1}{2\pi} \times \sqrt{\frac{s_c}{m_s}} = \frac{1}{2\pi} \times \sqrt{\frac{3 \times s_{1c}}{1150}} = \frac{1}{2\pi} \times \sqrt{\frac{3 \times 25000000}{1150}} = 40{,}64\ (1/s)$$

$$f_{rd} = \frac{1}{2\pi} \times \sqrt{\frac{s_d}{m_s}} = \frac{1}{2\pi} \times \sqrt{\frac{3 \times s_{1d}}{1150}} = \frac{1}{2\pi} \times \sqrt{\frac{3 \times 50000000}{1150}} = 57{,}48\ (1/s)$$

Para saber si estas frecuencias son aceptables se debe de comparar con las frecuencias excitadoras generadas por el motor eléctrico, para ello tendremos en cuenta la velocidad del motor que en este caso es de 1500 r.p.m. Las dos frecuencias excitadoras generadas por el motor eléctrico son:

Límite de la banda de frecuencias bajas:

$$f_1 = \frac{1}{\sqrt{2}} \times \frac{n}{60} = \frac{1}{\sqrt{2}} \times \frac{1500}{60} = 17{,}67\ (1/s)$$

Límite de la banda de frecuencias altas :

$$f_2 = \sqrt{2} \times \frac{n}{60} = \sqrt{2} \times \frac{1500}{60} = 35{,}35\ (1/s)$$

Tenemos las frecuencias naturales de vibración para cada tipo de amortiguador :

$f_{ra} = 8{,}12\ (1/s)$

$f_{rb} = 25{,}7\ (1/s)$

$f_{rc} = 40{,}6\ (1/s)$

$f_{rd} = 57{,}4\ (1/s)$

y las frecuencias excitadoras del motor :

$f_1 = 17{,}67\ (1/s)$

$f_2 = 35{,}35\ (1/s)$

además sabemos que la frecuencia de la red en Europa es de 50Hz.

Las posibles soluciones son :

1) La frecuencia natural de vibración de la instalación se puede diseñar para la banda de bajas frecuencias, luego ésta deberá ser menor de 17,67 Hz. Por ello para este caso sólo sería válido el tipo a de silentblocks, ya que verifica que :

$f_{ra} = 8{,}12\ (1/s) < f_1 = 17{,}67\ (1/s)$

$f_{ra} = 8{,}12\ (1/s) < 50\ Hz$

2) La frecuencia natural de vibración de la instalación se puede diseñar para la banda de altas frecuencias, luego ésta deberá ser mayor de 35,35 Hz. Por ello para este caso sólo sería válido el tipo c de silentblocks, ya que verifica que :

$f_2 = 35{,}35\ (1/s) < f_{rc} = 40{,}6\ (1/s)$

$f_{rc} = 40{,}6\ (1/s) < 50\ Hz$

3) Ni el tipo b ni el tipo d son válidos puesto que no están dentro de los rangos de diseño. En el caso del tipo b por encontrarse entre las dos frecuencias excitadoras del motor, y en caso del tipo d por ser la frecuencia mayor que la de la red.

$f_1 = 17{,}67\ (1/s) < f_{rb} = 25{,}7\ (1/s)) < f_2 = 35{,}35\ (1/s)$

$50\ Hz < f_{rd} = 57{,}4\ (1/s)$

4) Los tipos b y d de silentblocks podrían ser utilizados en las situaciones siguientes:

· en el caso del tipo b, si se utilizan 7 silentblocks en vez de 3, la frecuencia pasa a 39,2 Hz, con lo que estaría dentro del rango de diseño de altas frecuencias.

· en el caso del tipo d, si se utilizase en una instalación en América, donde la frecuencia de la red es de 60 Hz.

EJERCICIO C 3.1

ENUNCIADO: Calcular el peso del contrapeso de un ascensor para 8 personas, sabiendo que el peso de la cabina es de 700 Kg., y que el peso unitario de los cables conductores es de 2 Kg./m. La altura a la que va a acceder el ascensor es de 32 metros. En el caso de que se instale un espejo en el interior de la cabina de 100 Kg. ¿cuales son las acciones a realizar? ¿De que manera influye el coeficiente de compensación en cada caso?

SOLUCIÓN: Como tenemos todos los datos calcularemos en primer lugar el peso de la carga a elevar. Para ello supondremos de 75 Kg. El peso de cada una de las personas, por ello la carga útil será:

$Q_u = 8 \times 75 = 600$ Kg.

Sabiendo que el recorrido de la cabina es de 32 metros, y aplicando la ecuación , obtenemos el peso del contrapeso :

$Q_c = Q_b + y\ Q_u + H\ m_c/4 = 700 + 0{,}5 \times 600 + 32 \times 2/4 = 1016$ Kg.

Para este caso hemos supuesto que el coeficiente de compensación de carga es del 50%.

En el caso de que se instale un espejo de peso de 100Kg. en el interior de la cabina, lo que sucede es que el peso de la cabina se ve incrementado en un 15%, lo que repercute en el equilibrado de los cables y por lo tanto en el grupo tractor.

Las acciones a tomar pueden ser varias, pero en primer lugar es necesario recalcular cual debería de ser el nuevo peso del contrapeso:

$Q_b' = Q_b + Q_{espejo} = 700 + 100 = 800$ Kg.

Aplicando de nuevo la ecuación (C 3.6) :

$Q_c' = Q_b' + y\ Q_u + H\ m_e/4 = 800 + 0{,}5\ 600 + 32\ 2/4 = 1116$ Kg.

Lo que supone un incremento en el peso del contrapeso del 10%.

Las acciones a tomar por lo tanto podrían ser; o aumentar el peso del contrapeso, lo que llevaría consigo el recálculo de los cables, el grupo tractor, adherencia en poleas, frenos, etc., o reducir la capacidad de carga de la cabina lo que supondría no modificar el peso del contrapeso.

En el caso de reducir la capacidad de carga de la cabina, aplicando la misma ecuación:

$Q_u' = (Q_c - Q_b' - H\ m_e/4)/\ y = (1016 - 800 - 32\ 2/4)/0{,}5 = 400$ Kg.

Lo que supone que el número de personas se vería reducido a:

Nº pasajeros = $Q_u' / 75 = 400 / 75 \approx 5{,}3$

Como se puede ver la reducción en la carga de pasaje es del 40% aproximadamente, lo cual es bastante elevado.

Como se ha mencionado en el capítulo el valor del coeficiente de compensación de la carga suele estar comprendido entre un 45% y un 50%. En este caso el valor del coeficiente de compensación variando desde 45 a 50% da lugar a los siguientes valores del resto de las variables:

ψ (%)	Q_c	Q_c'	Q_u'	Nº pasajeros	Δ contrapeso	∇ carga
45	986	1086	377,78	5,04	9,21%	37,04%
45,5	989	1089	380,22	5,07	9,18%	36,63%
46	992	1092	382,61	5,10	9,16%	36,23%
46,5	995	1095	384,95	5,13	9,13%	35,84%
47	998	1098	387,23	5,16	9,11%	35,46%
47,5	1001	1101	389,47	5,19	9,08%	35,09%
48	1004	1104	391,67	5,22	9,06%	34,72%
48,5	1007	1107	393,81	5,25	9,03%	34,36%
49	1010	1110	395,92	5,28	9,01%	34,01%
49,5	1013	1113	397,98	5,31	8,98%	33,67%
50	1016	1116	400,00	5,33	8,96%	33,33%

Realizando un estudio con diferentes valores de este coeficiente se pueden obtener como conclusiones que el incremento del peso de la cabina reduce considerablemente la capacidad de la cabina pero que la variación del coeficiente tiene una influencia mínima.

EJERCICIO C 3.2

ENUNCIADO: Dimensionar las guías de un ascensor según el Reglamento Español para un ascensor de las siguientes características:

Carga de pasaje:	Q_u = 300 Kg.
Peso de la cabina	Q_b = 7330 Kg.
Altura máxima:	H = 30 m
Anchura de la cabina:	a= 1000 mm
Distancia entre rozaderas:	d = 2750 mm

SOLUCIÓN:

Puesto que el enunciado dice dimensionar deberemos calcular las guías tanto apoyadas como suspendidas, y en primer lugar habrá que decidir un parámetro muy importante que es la distancia entre apoyos. Elegiremos una distancia de 3000 mm. que es una distancia típica. Además seleccionaremos un perfil I-70/9 cuyas características están dadas en las Tablas C 3.1 y C 3.2.

- Guías apoyadas

1) Flexión

$$R_h = \frac{Q_u\ a}{8d} = \frac{300\ 1000}{8\ 2750} = 13.63Kgf = 136.3N$$

$$f = \frac{R_h\ l_k^3}{48\ E\ I_t} = \frac{136.3\ 3000^3}{48\ 210\ 10^3\ 41.1\ 10^3} = 0.888 < 3\ mm$$

Con lo cual se puede afirmar que las guías cumplirán a flexión.

Habría que aclarar que:

$E = 210\ 10^3\ N/mm^2$ es el módulo del acero, material empleado para las guías.

$I_t = 41.1\ 10^3$ proviene de la Tabla C 3.2, y que es el módulo transversal, puesto que las guías normalmente estarán solicitadas como se muestra en la Figura CE 3.1

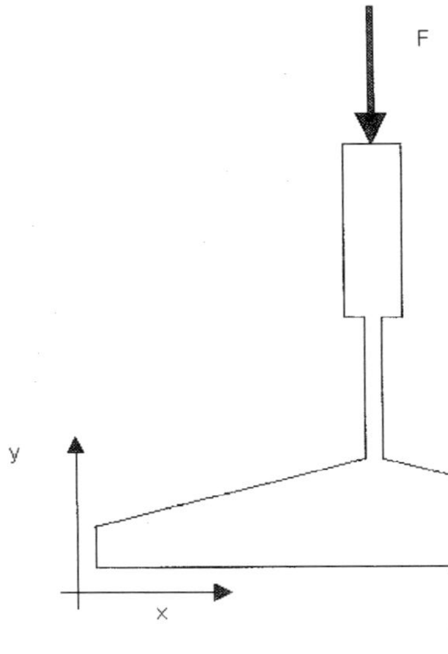

Figura CE 3.1 Guía cargada.

2) Compresión

Para cumplir con los esfuerzos de flexión las guías entre sus apoyos deberán cumplir con este coeficiente de seguridad:

$$C_s = \frac{R_v'}{R_v} > 10$$

$$R_v = m_g\, l_k + 1.75\,(Q_u + Q_{be}) = 7.3\ 3 + 1.75(300 + 330) = 21.9 + 1102.5 = 1124.4Kgf = 11.2kN$$

$$R_v' = \frac{\pi^2 E\, I_{min}}{l_{k^2}} = \frac{\pi^2\ 210\,10^3\ 19.1\,10^3}{3000^2} = 43.98kN$$

con $\lambda = \frac{l_k}{i} = \frac{3000}{14.2} = 211 < 250$

$$C_s = \frac{R_v'}{R_v} = \frac{43.98}{11.02} 41 < 10$$

Luego las guías no valdrán y habrá que volver a dimensionarlas. En esta ocasión en lugar de cambiar el perfil, elegiremos un distancia entre apoyos menor de 1750 mm y volveremos a calcular la compresión puesto que con menor distancia entre los apoyos , la flexión seguirá cumpliéndose.

$$R_v = m_g\, l_k + 1.75\,(Q_u + Q_{be}) = 1114.75N$$

$$R_v' = \frac{\pi^2 E\, I_{min}}{l_{k^2}} = \frac{\pi^2\ 210\,10^3\ 19.1\,10^3}{1750^2} = 129.2kN$$

$$C_s = \frac{R_v'}{R_v} = \frac{129.2}{11.14} = 11.6 > 10$$

Ahora sí cumplirá.

· Guías suspendidas

Las guías suspendidas se calcularán a flexión y a tracción puesto que no estarán a compresión sino a tracción debido a que están suspendidas.

1) Flexión

$$R_h = \frac{Q_u\ a}{8d} = \frac{300\ 1000}{8\ 2750} = 13.63Kgf = 136.3N$$

$$f = \frac{R_h\ l_k^3}{48\ E\ I_t} = \frac{136.3\ 3000^3}{48\ 210\ 10^3\ 41.1\ 10^3} = 0.888 < 3\ mm$$

2) Tracción

$$C_s = \frac{R_v^{'}}{R_v}$$

$$R_v = m_g\, H + 1.75\,(Q_u + Q_{be}) = 7.3\,30 + 1.75(300 + 330) = 219 + 1102.5 = 13.21kN$$

R'$_v$ = 45 (N./mm$^{2)}$x S (mm$^{2)}$

R'$_v$ = 45 x 937 = 421.6 kN

$$C_s = \frac{R_v^{'}}{R_v} = \frac{421.6}{13.21} = 32 > 10$$

Con lo cual las guías cumplirán.

En el caso de guías suspendidas, habría que calcular la unión de dichas guías. Si la union fuera mediante una pletina de ancho70 y espesor 10 mm y mediante 4 tornillos de métrica 12 se deberían realizar los siguientes cálculos:

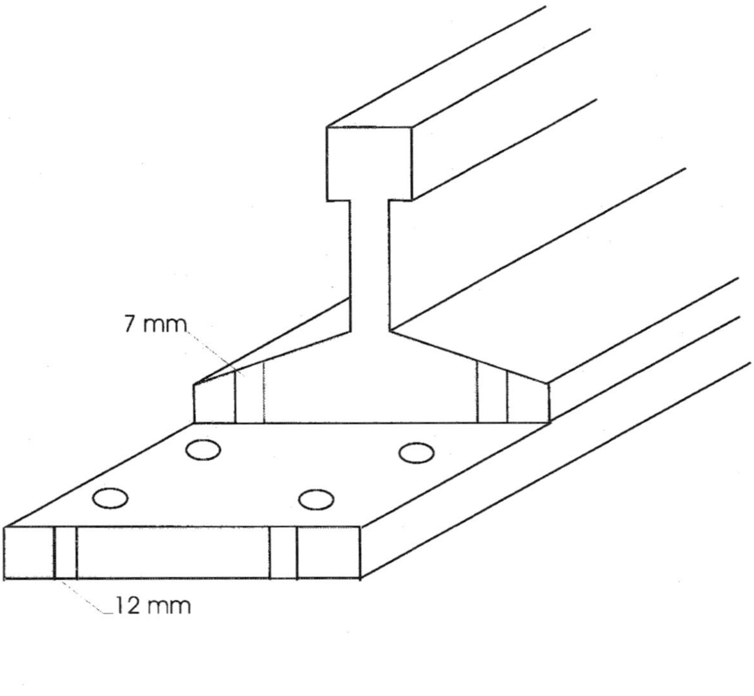

Figura CE 3.2 Unión de guía suspendida.

1. Sección efectiva.

S_1 = 937-(2x13x7) =755 mm^2

Este cálculo consiste en restar a la sección de la guía el espacio de los dos tornillos de métrica 12 (13 mm exteriormente) con una altura media de 7 mm en la sección de la guía.

2. Pared de 4 tornillos.

S_2 = 4x12x7 = 336 mm^2

3. Sección de 4 tornillos.

$$S_3 = 4 \text{ x } \frac{\pi D^2}{4} = 452.4 \text{ mm}^2$$

4. Sección mínima de la placa de empalme.

S_4 = (70 x 10) – (2x13x10) = 440 mm^2

Ahora una vez obtenidas estas 4 áreas habrá que realizar el cálculo de las tensiones normales y el de los esfuerzos cortantes

a) Tensiones normales

Se escogerá el área menor de la S_1 S_2 y S_3

En nuestro caso será de 336 mm^2

R'_v = 45 x 336= 151 kN

b) Tensiones cortantes

R'_v = 45 x 0.56 x 452.4 = 113 kN

El coeficiente 0.56 es el que modifica la resistencia para alcanzar el valor de cortante.

Ahora elegiremos el R'_v menor de los dos, en este caso es el de cortante, y comprobamos el coeficiente de seguridad

$$C_S = \frac{R_V^{'}}{R_V} = \frac{113}{13} = 8.7 < 10$$

Con lo que nuestra unión no sería válida y deberíamos dimensionarla de otra forma. Existirían varias opciones tales como aumentar el diámetro de los tornillos ó la sección de la pletina de empalme ó aumentar el número de tornillos.

EJERCICIO C 3.3

ENUNCIADO: Dimensionar las guías de un ascensor según la Norma EN 81 para un ascensor de las siguientes características:

Carga de pasaje:	$Q_u = 300$ Kg.
Peso de la cabina	$Q_b = 7330$ Kg.
Altura máxima:	$H = 30$ m
Anchura de la cabina:	$a = 1000$ mm
Distancia entre rozaderas:	$d = 2750$ mm

Este ascensor está equipado con un paracaídas instantáneo de rodillos.

SOLUCIÓN:

Puesto que el enunciado dice dimensionar deberemos calcular las guías tanto apoyadas como suspendidas, y en primer lugar habrá que decidir un parámetro muy importante que es la distancia entre apoyos. Elegiremos una distancia de 3000 mm. que es una distancia típica. Además selecionaremos un perfil I-70/9 cuyas características están dadas en las Tablas C 3.1 y C 3.2.

Unicamente se calcularán las guías a apoyadas puesto que las guías suspendidas no están permitidas.

1) Flexión

$$R_h = \frac{Q_u\ a}{8d} = \frac{300\ 1000}{8\ 2750} = 13.63Kgf = 136.3N$$

$$f = \frac{R_h\ l_k^3}{48\ E\ I_t} = \frac{136.3\ 3000^3}{48\ 210\ 10^3\ 41.1\ 10^3} = 0.888 < 3\ mm$$

Con lo cual se puede afirmar que las guías cumplirán a flexión.

Habría que aclarar que:

E = 210 10^3 N/mm^2 es el módulo del acero, material empleado para las guías.

I_t = 41.1 10^3 proviene de la Tabla C 3.2, y que es el módulo transversal, puesto que las guías normalmente estarán solicitadas como se muestra en la Figura CE 3.1

2) Compresión

$$C_s = \frac{R_v'}{R_v} > 2.5$$

La Norma EN-81 fija el coeficiente de trabajo máximo que puede admitirse para las guías, por los esfuerzos derivados de la actuación del paracaídas, que no deben rebasar de:

Paracaídas instantáneos de rodillos $\quad R_v = m_g\ l_k + 1.5\ (Q_u + Q_{be})\omega$

Para todos ellos $\quad R'_v$ = 4.500 kg./cm^2 x S cm^2

En tales fórmulas se debe tener en cuenta que w es el coeficiente de aumento de las cargas a pandeo en función de l. El cual se puede buscar para dos tipos de aceros en las Tablas C 3.3 y C 3.4.

Para hallar w entraremos con $\lambda = \frac{l_k}{i} = \frac{3000}{14.2} = 211 < 250$

En la Tabla C 3.3 y en la C 3.4 y obtendremos unos valores

ω = 7.57 para un acero de 520 MPa

ω = 11.28 para un acero de 370 MPa

Si nuestro acero es un acero de resistencia 450 MPa deberíamos interpolar para obtener un valor medio que nos convenga, interpolando obtendremos:

ω = 9.52

$$R_v = m_g\ l_k + 1.5\ (Q_u + Q_{be})\omega = 7.3\ 3 + 1.5(300 + 330)\ 9.52 = 90.25kN$$

R'_v = 45 x 937 = 421.6 kN

$$C_s = \frac{R_v'}{R_v} = \frac{421.6}{90.25} = 4.67 > 2.5$$

Con lo cual cumplirá con las especificaciones.

EJERCICIO C 3.4

ENUNCIADO: Dimensionar las guías de un ascensor según Janovsky para un ascensor de las siguientes características:

Carga de pasaje:	Q_u = 300 Kg.
Peso de la cabina	Q_b = 7330 Kg.
Altura máxima:	H = 30 m
Anchura de la cabina:	a = 1000 mm
Distancia entre rozaderas:	d = 2750 mm

SOLUCIÓN:

Tenemos que las fórmulas serán

$$F_y = \frac{Q \times g_n \times e_y}{h}$$

$$F_{z1} = \frac{Q \times g_n \times e_z \times (b + 2e_y)}{2h \times b}$$

$$F_{z2} = \frac{Q \times g_n \times e_z \times (b - 2e_y)}{2h \times b}$$

Sabiendo que para Janovsky ey = ez = a/4 , que b=a y que h=d, podremos proceder a soluccionar el problema. En nuestro caso y sabiendo que la flexión será dependiente solo de Fy y de Fz1 puesto que Fz2 actuará en la guía opuesta y será siempre menor que la suma de los otros dos desplazamientos opuestos no la calcularemos.

$$F_y = \frac{Q \times g_n \times e_y}{h} = \frac{330\,9.8\,250}{2750} = 294N$$

$$F_{z1} = \frac{Q \times g_n \times e_z \times (b + 2e_y)}{2h \times b} = \frac{330\,x9.8x\,250}{2x\,2750}\,\frac{1000 + (2x\,250)}{1000} = 210.5N$$

$$f_{flexión} = \frac{R_h\, l_k^3}{48\, E\, I_x} = \frac{294x3000^3}{48x210000x41.1\,10^4} = 1.916mm$$

$$f_{torsión} = \frac{M_T\, l_k\, \frac{a}{2}}{G\, I_{torsión}} = \frac{10.5x3000x\frac{70}{2}}{80000x60.2\,10^4} = 0.02mm$$

Hay que tener en cuenta que en esta última fórmula a corresponde al valor de la guía de la Tabla C 3.1, además:

G = 80000 MPa para el acero, es el módulo de torsión.

$M_T = F_z$ x (b-h/2) = 220.5 x 48 =10.5 Nmm

$I_o = I_x + I_y$ = 60.2 10^4 mm^4

La flecha final será

$f_{tot} = f_{flex} + f_{torsión}$ = 1.91+0.02 = 1.93< 3mm

EJERCICIO C 3.5

ENUNCIADO : Seleccionar los cables de suspensión de un ascensor de pasajeros con los siguientes parámetros :

Carga de pasaje :	Q_u	=	800 Kg.
Peso de la cabina :	Q_b	=	950 Kg.
Peso del contrapeso :	Q_c	=	1350 Kg.
Altura máxima :	H	=	33,6 m
Velocidad cabina :	v	=	1,6 m/s
Factor de cable :	i	=	1

SOLUCIÓN : La carga mayorada a soportar por el sistema de cables es :

$Q_{\text{mayorada}} = (Q_u + Q_b) = (800 + 950)$ ´ 9,8 ´ 8 = 137200 N

Suponiendo que el número de cables es 4:

$Q_{\text{mayorada por ramal}} = 137200 / 4 = 34300$ N = 34,3 KN

Sabiendo que los cables tienen una resistencia media de 1800 MPa podremos hallar el diámetro del cable que necesitamos:

$$F = Resistencia\,x\,Superficie \Rightarrow d = \sqrt{\frac{34300}{1800}\frac{4}{\pi}} = 4.92mm \Rightarrow 8mm$$

escogeremos 8 mm ya que en la Tabla C 3.8 para ascensores standard el mínimo diámetro es de 8 mm.

EJERCICIO C 3.6

ENUNCIADO : Un ascensor de 320 Kg. de carga de pasaje y de 280 Kg. de peso de la cabina tiene una velocidad de cabina de 1.5 m/s. Calcular los dos amortiguadores de resorte necesarios utilizando la norma EN 81-1. La resistencia a tracción del acero empleado es de 1 GPa.

SOLUCIÓN : Estimamos una relación de D/d = 6 como punto de partida.

A continuación determinamos la máxima tensión permisible a torsión t_T. Normalmente el valor de esta tensión es función de la resistencia a tracción del alambre s_t:

$\tau_T = 0{,}28\ \sigma_t$ (MPa)

según el enunciado del problema : $\sigma_t = 1000$ MPa

$\tau_T = 0{,}28\ \sigma_t = 0{,}28\ 1.000 = 280$ MPa

Calculamos F_{max} que es la fuerza en (N) para cada resorte totalmente comprimido :

$F_{max} = 4\ (\ Q_u + Q_b\ )\ g_n\ /\ 2 = 4\ (300 + 300)\ 10\ /\ 2 = 12000$ N

Hemos estimado una relación de D/d = 6, acudiendo a la fórmula (C 3.17), obtenemos el coeficiente de Wahl cuyo valor aproximado es 1.25. Sustituyendo en la fórmula siguiente podemos obtener el diámetro de la espira.

$$d \geq \sqrt{\frac{8\ F_{max} \times \psi}{\pi \times \tau_T} \times \frac{D}{d}} = \sqrt{\frac{8\ \ 12000 \times 1.25}{\pi \times 280} \times 6} = 28.6\ \text{mm}$$

Tomamos como diámetro de la espira 29 mm, y por lo tanto calculamos el valor del diámetro del resorte pues conocemos la relación D/d.

$D/d = 6 \implies D = 6 \times d = 6 \times 29 = 174$ mm

Conocidas las dimensiones del resorte se procede a determinar el número de espiras activas del resorte helicoidal. El número de espiras activas se obtiene con la siguiente expresión:

$$n = \frac{G \times d^4}{8 D^3 \times k}$$

donde :

G = módulo de cortadura del material (Pa)

n = número de espiras activas del resorte

Para poder determinar n, es necesario conocer el valor de la rigidez del resorte k, sabiendo que la rigidez del resorte viene dada por la relación:

$k = F_{max} / f_{max}$

La carrera del amortiguador según la Norma EN 81-1, es el mayor de los siguientes dos valores :

f_{max} = max { 65 mm ó 0.135 v^2 } (con f_{max} en metros y v en m/s)

en este caso 0.0135 v^2 = 0,135 1.5^2 = 0,30375 m » 304 mm, por ello se toma como carrera máxima del amortiguador 304 mm.

Además, la máxima fuerza a realizar por cada amortiguador es:

$F_{max} = 4 (Q_u + Q_b) g_n = 4 (320 + 280) 10 / 2 = 12000$ N

por lo tanto :

$k = F_{max} / f_{max} = 12.000 / 0,304 = 39473.68$ N/m

con lo que el número de espiras activas será (tomamos como módulo de cortadura del material $80 \cdot 10^9$ Pa) :

$$n = \frac{G \times d^4}{8 D^3 \times k} \frac{80\,10^9 \times 0{,}029^4}{8\,0{,}174^3 \times 39473{,}68} = 34$$

Por lo tanto nuestro resorte será un resorte helicoidal con las siguientes dimensiones :

D = 174 mm

d = 29 mm

n = 34

Normalmente se toman relaciones de D/d entre 6 y 15, y como vemos en nuestro amortiguador encaja perfectamente, ya que D/d = 174/29 = 6. Calculamos el coeficiente de Wahl :

$$\psi = \frac{\frac{D}{d} - 0.25}{\frac{D}{d} - 1} + \frac{0.615}{\frac{D}{d}} = \frac{\frac{174}{29} - 0,25}{\frac{174}{29} - 1} + \frac{0.615}{\frac{174}{29}} = 1.2525$$

que como vemos es muy aproximado al que habíamos supuesto de 1.25.

EJERCICIO C 4.1

ENUNCIADO: Dimensionar el circuito de un ascensor hidráulico de acción indirecta para una altura de 16 metros que posee una capacidad de 300 Kg. y un peso de cabina con puertas y operador de puertas de 200 Kg., un peso del bastidor de 300Kg., un peso del cabezal (polea y chasis) de 110 Kg. y un peso propio del pistón estimado de 150 Kg. La longitud de los cables de maniobra es de 54 metros y el peso de estos es de 0,38 Kg./m. Se requiere que la velocidad de la cabina sea 0,6 m/s. Suponer una longitud para los conductos de 9000 mm. y un diámetro de los conductos de 40 mm.

SOLUCIÓN :

Q_u = Carga útil = 300 Kg.

Q_b = Peso de la cabina completa = Peso de camarín con puertas y operador de puertas (200 Kg.) + Peso del bastidor (300Kg.) = 500 Kg.

Q_1 = Peso de los cables (Q_L = 54 m $\times$ 0,38 Kg./m = 21 Kg.) + Peso del cabezal (polea y chasis) (Q_{cb} = 110 Kg.) = 131 Kg.

Q_2 = Peso propio del pistón (estimación) = 150 Kg.

Q_T = Carga total de cálculo $= 2 \times Q_u + 2 \times Q_b + Q_1 + Q_2 =$

$$= 2 \times 300 + 2 \times 500 + 131 + 150 =$$

$$= 1881 \text{ Kg.}$$

Determinación de la carrera del pistón

Recorrido del camarín = 16 m.

Carrera del pistón por ser de acción indirecta (1:2) será la mitad = 8 m.

El reglamento marca un sobrerecorrido de 0,3 m.

Por tanto :

Carrera = 8 + 0,3 = 8,3 m.

Determinación de la superficie hidráulica del pistón

Se aconseja una presión de trabajo de 28 Kg./cm^2, luego la superficie hidráulica del pistón deberá ser :

$A_p = Q_T / P_t$

donde :

A_p = superficie hidráulica del pistón

Q_T = carga total de cálculo.

P_t = presión de trabajo

entonces :

A_p = 1881/28 = 67,18 cm^2.

Elegimos un pistón de 100 mm de diámetro, cuya superficie es de 78,5 cm^2. Esta elección se hace en base a criterios de selección comerciales , basados en catálogos.

Cálculo del espesor de la pared del cilindro

Sabemos que el reglamento indica que la presión máxima no debe sobrepasar los 4 MPa..

Aplicamos la fórmula de Bach :

$$\frac{D}{d} = \sqrt{\frac{\sigma_{adm} + 0{,}4 \times p_{max}}{\sigma_{adm} - 1{,}3 \times p_{max}}}$$

que sólo es válida si se cumple la siguiente desigualdad :

$p_{max} < \sigma_{adm} / 1{,}3$

donde :

D = diámetro exterior del cilindro.

d = diámetro interior del cilindro.

σ_{adm} = tensión admisible del material.

p_{max} = presión máxima de servicio.

Elegimos de material el A-52, que tiene de límite elástico 340 MPa. y tomamos un coeficiente de seguridad de 5, podemos calcular la tensión admisible :

σ_{adm} = 340 / 5 = 68 MPa

como se verifica que :

$p_{max} < \sigma_{adm} / 1,3$ ya que 4 MPa < 68 / 1,3 = 52,3 MPa

Tomamos como diámetro del cilindro interior 130 mm y sustituyendo en la ecuación de Bach.

$$\frac{D}{d} = \sqrt{\frac{\sigma_{adm} + 0,4 \times p_{max}}{\sigma_{adm} - 1,3 \times p_{max}}} = \sqrt{\frac{68 + 0,4 \times 4}{68 - 1,3 \times 4}} = 1,053 \Rightarrow D = 1,053 \times 130 = 136,89\ mm$$

luego el espesor será :

e = (D - d) / 2 = (136,89 - 130) / 2 = 3,5 mm

Se busca en catálogo el espesor correspondiente, que en este caso tomamos:

e = 5 mm

D = 139,7 mm

Cálculo del espesor mínimo del fondo del cilindro

El espesor del fondo del cilindro también debe ser calculado para resistir la presión máxima. Como la unión del fondo al tubo se efectuará mediante soldadura, el espesor viene determinado por la segunda expresión de Bach.

donde :

h = espesor del fondo del cilindro

p_{max} = presión máxima de servicio

σ_{adm} = tensión admisible del material

d_s = diámetro interior de soldadura

Para un diámetro interior de soldadura de d_s = 130 mm, tenemos que :

$$h = 0{,}45 \times d_s \times \sqrt{\frac{p_{max}}{\sigma_{adm}}} = 0{,}45 \times 130 \times \sqrt{\frac{4}{68}} = 14{,}2\ mm$$

elegimos por tanto un espesor del fondo de 20 mm

Cálculo del pistón a compresión

El pistón va a trabajar a compresión, por lo tanto es necesario verificar su comportamiento respecto a las fuerzas exteriores, haciendo un control de la resistencia del pistón a pandeo. Para ello utilizamos la expresión de Euler :

π^2 E J = g_s L^2 Q_T

donde :

E = módulo de elasticidad (210 GPa)

J = momento de inercia de la sección del pistón

g_s = factor de esbeltez de Euler

L = carrera total del pistón (830 cm)

Q_T = carga total (1881 Kg.)

Sustituyendo en el segundo miembro de la expresión :

π^2 E J = g_s L^2 Q_T = 3 830^2 1881 = 3.887.462.700

En la tabla siguiente se busca el valor de π^2 E J inmediatamente superior a este :

PISTON D × d mm	Espe sor mm	J cm^4	F_p cm^2	i cm	A_p cm^2	Peso Kg./m	$\pi^2 \cdot E \cdot J$
60×50	5	32,92	8,63	1,95	28,26	6,8	681.613.867
60×45	7,5	43,46	12,36	1,87	28,26	9,7	899.846.253
70×60	5	54,21	10,20	2,30	38,46	8,02	1.122.426.723
70×55	7,5	72,90	14,71	2,22	38,46	11,57	1.509.406.164
80×70	5	83,16	11,77	2,65	50,24	9,27	1.721.841.105
80×65	7,5	113,38	17,07	2,57	50,24	13,45	2.347.551.040
90×80	5	120,94	13,34	3,01	63,58	10,5	2.504.082.050
90×75	7,5	166,66	19,42	2,92	63,58	15,28	3.450.721.965
100×90	5	168,72	14,91	3,36	78,5	11,73	3.493.374.595
100×85	7,5	234,51	21,78	3,28	78,5	17,15	4.855.567.071
110×100	5	227,69	16,48	3,71	94,98	12,96	4.714.357.880
110×95	7,5	318,70	24,13	3,63	94,98	19,00	6.598.734.492
130×120	5	383,81	19,62	4,42	132,66	15,42	7.948.917.975
130×115	7,5	543,16	28,84	4,34	132,66	22,75	11.246.214.705
150×138	6	704,42	27,13	5,09	176,62	21,35	14.585.128.807
150×130	10	1082,51	43,96	4,96	176,62	34,6	22.413.542.751
180×160	10	1935,02	53,38	6,01	254,34	42,5	40.064.898.703
200×180	10	2699,61	59,66	6,72	314	46,89	55.895.856.987
230×200	15	5879,69	101,26	7,62	415,26	79,59	121.739.922.200

donde :

E = módulo elástico = 2100000 Kg/cm^2

J = momento de inercia = $\pi (D^4 - d^4) / 64$

A_p = sección = $\pi D^2 / 4$

F_p = área de la corona circular = $\pi (D^2 - d^2) / 4$

i = radio de inercia =

Entonces :

π^2 E J = 4.855.567.071

por tanto el pistón tendrá un diámetro exterior de 100 mm y un diámetro interior de 85 mm, es decir un espesor de 7,5 mm.

Una vez determinadas las dimensiones del pistón, se calcula su peso para ver si está ajustado al que hemos supuesto de 150 Kg.

Peso = 8,30 m x 17,15 Kg./m = 142,3 Kg. < 150 Kg.

por tanto la hipótesis era correcta.

Cálculo del espesor mínimo del fondo del pistón

Se calcula de la misma forma que el espesor del fondo del cilindro :

$$h_1 = 0{,}45 \times d_{s1} \times \sqrt{\frac{p_{max}}{\sigma_{adm}}} = 0{,}45 \times 85 \times \sqrt{\frac{4}{68}} = 9{,}3\,mm$$

Tomamos por tanto un espesor de 15 mm = h_1

ya que este será el valor comercial que se puede encontrar en los catálogos.

Dimensiones finales del cilindro-pistón

Cilindro :

Diámetro exterior del cilindro = 139,7 mm

Espesor pared del cilindro = 5 mm

Espesor del fondo del cilindro = 20 mm

Pistón:

Carrera máxima = 8.300 mm

Diámetro exterior del pistón = 100 mm

Espesor pared del pistón = 7,5 mm

Espesor del fondo del pistón = 15 mm

Determinación de la presión de trabajo a suministrar por la bomba

La presión de trabajo a suministrar por la bomba vendrá dada por la expresión :

$P_t = (Q_T / A_p)\ 1{,}1$

donde :

P_t = presión de trabajo a suministrar por la bomba

Q_T = carga total de cálculo (1881 Kg.)

A_p = superficie hidráulica del pistón.

$A_p = (\pi\ d_{pistón}^2) / 4 = (\pi\ 100^2) / 4 = 78{,}5\ cm^2$

Sustituyendo queda :

$P_t = (Q_T / A_p)\ 1{,}1 = (1881 / 78{,}5)\ 1{,}1 = 26{,}36\ Kg/cm^2$

Determinación del caudal a suministrar por la bomba

Se parte de la velocidad del camarín, que será doble de la velocidad del pistón. El caudal de la bomba vendrá dado por :

$C_d = k \cdot A_p \cdot v$

donde :

C_d = caudal a suministrar por la bomba en litros/min.

A_p = superficie hidráulica del pistón en cm^2

v = velocidad deseada del camarín en m/s

k = coeficiente de conversión de unidades

(para acción indirecta = 3, para acción directa = 6)

Tomamos como velocidad deseada del camarín v = 0,6 m/s. Entonces tenemos que :

$C_d = k \cdot A_p \cdot v = 3 \cdot 78{,}5 \cdot 0{,}6 = 141{,}3$ litros/min.

Eligiendo una bomba estándar que proporcione un caudal de 150 litros/min., determinaremos la verdadera velocidad del camarín (v_r) será :

$v_r = C_d / (3 \cdot A_p) = 150 / (3 \cdot 78{,}5) = 0{,}637$ m/s

Cálculo de la potencia máxima del motor absorbida a plena carga.

La potencia máxima del motor absorbida a plena carga, a proporcionar a la bomba será :

$C_d = k \cdot A_p \cdot v$

donde :

P = potencia en CV

C_d = caudal proporcionado por la bomba en litros/min.

P_t = presión de trabajo en Kg. / cm^2

h_T = rendimiento total de la bomba

Suponemos un rendimiento de la bomba del 80%. Por tanto :

$$P = \frac{C_d \times p_t}{450 \times \eta_T} = \frac{150 \times 27}{450 \times 0{,}8} = 11{,}25\,\text{CV}$$

Elegiremos por tanto un motor de 13 CV que irá rígidamente acoplado a la bomba y sumergido en el depósito de aceite a fin de obtener el menor nivel de ruido.

Determinación de la cantidad de aceite

Conocemos el diámetro interior del cilindro (130 mm) y el recorrido máximo del pistón es de 8.300 mm. De esta manera podemos calcular el volumen de aceite que puede entrar dentro del cilindro.

$V_1 = A_1\, h_1$

donde :

V_1 = volumen de aceite en el cilindro

A_1 = superficie de la sección interior del cilindro

h_1 = recorrido total del pistón

$$V_1 = \frac{\pi \times d_{cilindro}^2}{4} \times h_1 = \frac{\pi \times 1{,}3^2\ \text{dm}^2}{4} \times 83\, dm = 110\,\text{dm}^3$$

$V_1 = 110$ litros

Se calcula seguidamente el volumen de aceite en la conducción, desde la central hidráulica hasta el cilindro. Para ello hacemos las siguientes hipótesis :

- diámetro interior del conducto = 40 mm

- longitud del conducto = 9.000 mm

El volumen será :

$V_2 = A_2\, h_2$

donde :

V_2 = volumen de aceite en la conducción

A_2 = superficie de la sección interior del conducto

h_2 = recorrido total del conducto

$$V_2 = \frac{\pi \times d_{conducto}^{\;2}}{4} \times h_2 = \frac{\pi \times 0{,}4^2\ \mathrm{dm}^2}{4} \times 90\, dm = 11{,}3\ \mathrm{dm}^3$$

$V_2 = 11{,}3$ litros

Por tanto el volumen máximo en circulación será:

$V = V_1 + V_2 = 110 + 11{,}3 = 121{,}3$ litros

Con este dato establecemos las dimensiones del depósito de aceite, para una capacidad máxima de aceite de 190 litros y un volumen de aceite estacionario de 70 litros.

EJERCICIO C 6.1

ENUNCIADO: calcular una escalera mecánica con las siguientes características:

H = 5m

a = 35°

v = 0.45m/s

Ancho escalera = 1m

Altura contrahuella visible = 24cm

$Z_p = 21$

$Z_r = 53$

reductor 2:49

motor eléctrico 1000 r.p.m.

2 cordones cadena de tracción

Paso de la cadena de peldaños: 133.33mm

Se calculará la potencia necesaria además de los diámetros y número de dientes necesarios. La escalera mecánica a calcular se muestra en la Figura CE 6.1

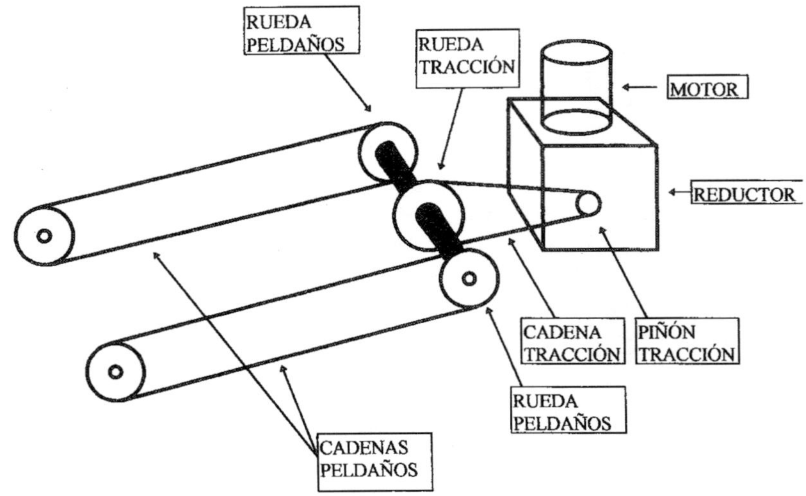

Figura CE 6.1

SOLUCIÓN:

Geometría

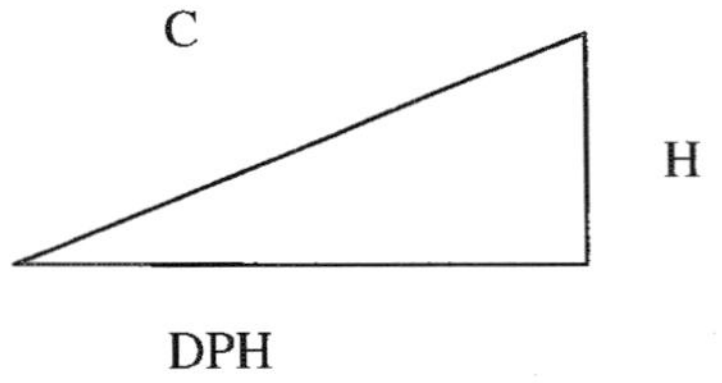

C (distancia entre centros de catalinas)

C=DPH/cos35°

DPH=H/tag35°

DPH=7.14m

5/0.24m cada peldaño=20.833 peldaños

CARGA

20.833peldaños*120kg/peldaño (carga de freno)=2500kg

La carga de frenado de 120 kg/peldaño se encuentra en el apartado del freno.

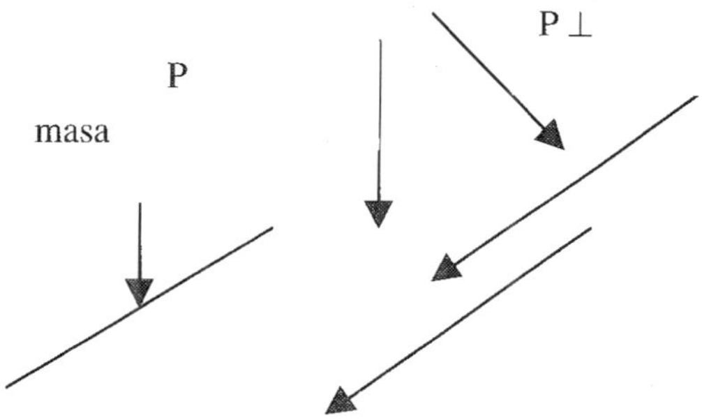

P//=masa*g*sen35°

P^ =masa*g*cos35°

carga total = P// + Fr = P// + P^* m =1433.94*9.8+2047.88*9.8*0.015=14353.65N

Potencia = (14353.65*0.45)/75 =8.658 CV

Corrección de potencia

Según la Tabla C 6.5 corregiremos la potencia como sigue.

Choques moderados, motor eléctrico, C_3 =1.3

Potencia final=8.658*1.3=11.2554 CV

C_1(21 dientes)=1.26 este coeficiente lo buscaremos en la Tabla C 6. 3

C_2 (2 cordones)=1.7 este coeficiente lo buscaremos en la Tabla C 6. 4

[capacidad cadena]*Cl*C2 > P_{final}

capacidad cadena=5.2546 CV

Elección de la cadena y geometría de las catalinas

(diferentes casos hasta dar con la mejor solución)

Elijo cadena n° 100, paso=31.75mm a 40.8 r.p.m. soporta 4.7 CV < 5.25 CV

Esta elección viene dada por la Tabla C 6.6 donde paso a elegir la cadena que más me conviene. Las 40.8 r.p.m provienen de multiplicar las revoluciones del motor por la reducción dada que es de 2:49. Puesto que la tabla no tiene entrada para esa cifra extrapolaremos para nuestro valor. Vemos que el valor no es suficiente luego elegiremos la inmediatamente superior, que es la n° 120, paso=38.1mm a 40.8rpm , que soporta ampliamente la carga.

Con el paso del piñón y el n° de dientes saco el diámetro del piñón, el paso lo sacaremos de la Tabla C 6.7:

$d_{piñón}$ = paso*Zp/p =38.1 *21 /p = 254.68mm

lo mismo para la rueda:

d_{rueda} = paso*Zr/p =38.1 *53 /p = 642.763 lmm

la relación rueda-piñón nos da las rpm de la rueda:

rpm rueda = (rpm motor / reductor)* Zp/Zr=1000/(49/2)*21/53=16.1725rpm

como yo quiero v=0.45m/s necesito una rueda para la cadena de peldaños (que gira a las mismas rpm que la rueda de la cadena de tracción por encontrarse ambas en el eje de tracción de la escalera) de diámetro:

$$d_{ruedapeldaños} = \frac{v\,60}{n\,\pi} = 0.45*60/(16.1725*p) = 0.5314m=531.4mm$$

como el paso de la cadena de peldaños es de 133.33mm el n° de dientes será:

$Z_{ruedapeldaños}$ = ($d_{ruedapeldaños}$* p)/paso = (531.4*p) /133.33=12.52

luego cojo $Z_{ruedapeldaños}$ = 13 con lo que recalculo la velocidad:

$d_{ruedapeldaños}$ =Paso*Zr/ p = 133.33 * 13/ p =551.7mm

v= $d_{ruedapeldaños}$ *rpm eje*p/60=0.467 m/s

o si quiero ajustar v, voy en orden inverso ajustando otros parámetros.

EJERCICIO 7.1.

ENUNCIADO: Calcular el número ascensores que han de implantarse en un edificio de 12 pisos superiores para que el numero de personas que puedan entrar en el edificio en cinco minutos (5C) sea 80 y el intervalo, i esté comprendido entre 30 y 35 segundos.

Vamos a suponer que implantamos ascensores de 630 kg de carga nominal con 900 mm de ancho de puerta, de manera que el número de pasajeros por viaje es 8 (Tabla C 1.1).

SOLUCIÓN:

El número de paradas probables para 8 pasajeros y 12 pisos superiores es 6 (Tabla C 7.1.).

El tramo de subida entre dos paradas probables consecutivas es :

tramo (pp) = 3 m x 12 / 6 = 6 m.

Para este tramo, el tiempo transcurrido entre dos paradas probables consecutivas es (Tabla C 7.2.) :

tiempo(pp) para 1.6 m/s y 4 m = 7,4 s.

El tramo de bajada es :

tramo(pp) = 3m x 12 = 36 m.

Para este tramo, el tiempo transcurrido entre es (Tabla C 7.2.) :

tiempo(pp) para 1.6 m/s y 36 m = 27,4 seg

El tiempo de apertura de puertas por cada parada es para 900 mm de ancho y apertura central (Tabla C 7.3.) es 4,1 s.

Calculo de tiempos en parada

• Tiempo en piso bajo (8 pasajeros)	8 s
• Tiempo transfer (6 x 2)	12 s
• Tiempo apertura puertas ((6+1) x 4,1)	28,7 s
Tiempo total	48,7 s
10%	4,87 s
Tiempo total en parada	53,57 s

Cálculo de tiempos en marcha

• Tiempo de subida (7,4 x 6)	44,4 s
• Tiempo de bajada	27,4 s
Tiempo total	125,37 s

(5C) = 8 x 300 / 125,37 = 19,14 personas/5 min.

Luego el número de ascensores necesario será :

n° ascensores = 80 / 19,14 = 4,17 = 5 ascensores

siendo el (5C) definitivo :

(5C) = 4 x 8 x 300 / 125,37 = 95,71 personas/5 min

y el intervalo será :

i = 125,37 / 5 = 25,074 s.

EJERCICIO 7.2.

ENUNCIADO: Cuantos ascensores es necesario instalar para desalojar el 11% de 1000 personas en cinco minutos en un edificio de 14 pisos superiores. La puerta tiene una anchura de 1100 mm.

Vamos a utilizar ascensores de 1250 kg de carga nominal, elevando en cada viaje 16 personas.

SOLUCIÓN:

El número de paradas probables para 16 pasajeros y 14 pisos superiores es 9,7 (Tabla C 7.1.).

Luego el número de paradas probables en bajada es : 9,7 x 0,75 = 7.275

El tramo de subida es :

tramo(pp) = 3m x 14 = 42 m

Para este tramo, el tiempo transcurrido entre es (Tabla C 7.2.) :

tiempo(pp) para 1,6 m/s y 42 m = 31,4 seg

El tramo de bajada entre dos paradas probables consecutivas es :

tramo(pp) = 3m x 14 / 7,275 = 5,77 m

Para este tramo, el tiempo transcurrido entre dos paradas probables consecutivas es (Tabla C 7.2) :

tiempo(pp) para 1,6 m/s y 5,77 m = 7,25 seg

El tiempo de apertura de puertas por cada parada es para 1100 mm de ancho y apertura central (Tabla C 7.3.) es 4,6 seg

Calculo de tiempos en parada

• Tiempo en piso bajo (6+ 10 x 0,6)	12 s.
• Tiempo transfer (7,275 x 4)	29,1 s.
• Tiempo a. puertas ((7,275 +1) x 4,6)	38,06 s.
Tiempo total	79,16 s.
10%	7,916 s.
Tiempo total en parada	87,07 s.

Cálculo de tiempos en marcha

• Tiempo de subida	31,4 s.
• Tiempo de bajada (7.25 x 7,275)	52,74 s.
Tiempo total	171,22 s.

(5C) = 16 x 300 / 171,22 = 28,03 personas/5 min

Luego el número de ascensores necesario será :

nª ascensores = 110 / 28,03 = 3,924 = 4 ascensores

siendo el (5C) definitivo :

(5C) = 4 x 16 x 300 / 171.22 =112,13 personas/5 min

y el intervalo será :

i = 171,22 / 4 = 42,81 s.

EJERCICIO 7.3.

ENUNCIADO: En un edificio de oficinas de 12 pisos donde trabajan 800 personas, se plantea un tráfico del 10% en cinco minutos en las dos direcciones. Dimensionar la instalación en términos de tráfico.

Vamos a suponer ascensores de 630 kg de carga nominal, en los que pueden viajar 8 pasajeros (4 suben y 4 bajan). La puerta es de 900 mm y de apertura central. La velocidad de cada ascensor es 1,6 m/s.

SOLUCIÓN:

El número de paradas probables de subida para 4 pasajeros y 12 pisos superiores es 3,5 (Tabla C 7.1.).

El número de paradas probables de bajada para 4 pasajeros y 12 pisos superiores es 3,5 (Tabla C 7.1.). Al ser una maniobra de bajada., éste se ve reducido en un 75% :

Nº paradas probables en bajada : 3,5 x 0,75 = 2,625

El tramo de subida entre dos paradas probables consecutivas es :

tramo(pp) = 3m x 12 / 3,5= 10,286 m

Para este tramo, el tiempo transcurrido entre dos paradas probables consecutivas es (Tabla C 7.2.) :

tiempo(pp) para 1,6 m/s y 10,286 m = 10,25 s.

El tramo de bajada entre dos paradas probables consecutivas es :

tramo(pp) = 3m x 12 / (2,625) = 13,71 m

Para este tramo, el tiempo transcurrido entre dos paradas probables consecutivas es (Tabla C 7.2.) :

tiempo(pp) para 1,6 m/s y 13,71 m = 12,4 s.

El tiempo de apertura de puertas por cada parada es para 900 mm de ancho y apertura central (Tabla C 7.2.) es 4,1 s.

Calculo de tiempos en parada

• Tiempo en piso bajo (8 pasajeros)	16 s.
• Tiempo transfer subida (3,5 x 2)	7 s.
• Tiempo apertura puertas ((3,5+1) x 4,1)	18.45 s.
• Tiempo transfer bajada (2,625 x 4)	10,5 s.
• Tiempo apertura puertas (2,625 x 4,1)	10,76 s.
Tiempo total	62,71 s.
10%	6,271 s.
Tiempo total en parada	68,981 s.

Cálculo de tiempos en marcha

• Tiempo de subida (10,25 x 3,5)	35,87 s.
• Tiempo de bajada (12,4 x 2,625)	32,55 s.
Tiempo total	137,4 s.

(5C) = (4 + 4) x 300 / 137,4 = 17,46 personas/5 min

Luego el número de ascensores necesario será :

n^{a} ascensores = 80 / 17,46 = 4,58 = 5 ascensores

y el intervalo será :

i = 137,4 / 5 = 27,48 s.

PRÁCTICAS DE TRANSPORTES

PARTE C. TRANSPORTE VERTICAL

PRÁCTICA C 1.

TÍTULO

Dimensionamiento de elementos ascensores.

OBJETIVO

El primer objetivo de esta práctica es el cálculo y diseño de los distintos elementos que componen los ascensores. El segundo objetivo consiste en el conocimiento de la composición y funcionamiento de los diferentes elementos que componen los sistemas mencionados a través de la visualización y análisis de los mismos. El tercer objetivo, es familiarizar al alumno con técnicas de optimización de dichos elementos con relación a variables como el coste ó peso.

MATERIAL y MÉTODO

Mediante el programa de cálculo "Elementos de ascensores" se diseñarán y calcularán cada uno de los elementos que se indican en los apartados siguientes. El alumno partiendo de unos datos concretos realizará los diseños pertinentes para obtener como resultado el elemento mas adecuado a los criterios de partida.

RESULTADOS

El alumno deberá confeccionar una tabla de resultados para cada uno de los apartados propuestos.

DURACIÓN

El tiempo para la realización de la práctica es de cuatro horas.

DESARROLLO

Se calculará el siguiente ascensor.

Ascensor eléctrico standard para 4 personas y velocidad 1.23 m/s. Rendimiento global (η) = 60 %. Altura del edificio = 21 m (7 plantas). Peso de la cabina 350 kg. Rendimiento del motor 50%. Factor de cable i=1. Coeficiente de compensación de peso Ψ=0.5. Coeficiente de fricción de los cables 0.09. Diámetro del tornillo sinfín d = 40mm. Nº dientes del sinfín = 2, rendimiento de los rodamientos η = 90 % ángulo de presión normal α=20º , tª máxima aceite =50º. I_m = 0.205 Kg m^4 , I_{fr} = 0.02 Kg m^4, α=0.20 . Masa de la maquinaria M= 200 kg. , masa de las vigas de soporte m=25 kg. Distancia entre rozaderas = 2.7 m, longitud entre apoyos 3m. Deceleración a=0.8 m/s^2

TABLA DE DATOS

1. MOTOR

Potencia	
rpm	

2. CABLES

Carga por ramal	
Denominación	
Peso	
Diámetro	
Carga de rotura	

3. CONTRAPESO

Peso	

4. POLEA DE TRACCION

Perfil de garganta	
Diámetro de polea	
Ángulo (Trap/Sem/entalla)	
Ángulo arrollamiento	
Presión especifica cables	
Coef. Fricción garganta	

5. REDUCTOR

Rpm tornillo	
Rpm corona	
Dp. corona	
Potencia desarrollada	
Calor disipado	

6. FRENOS

Par estático	
Par dinámico	

7. AMORTIGUADORES

Diámetro del resorte	
Diámetro de la espira	
Número de espiras	

8. SILENTBLOCKS

Número de silenblocks	
Rigidez	

9. GUIAS

R Esp-coef seguridad	
EN-81-Coef, trab. real	
Janovsky desplazamiento	

PRÁCTICA C 2.

TÍTULO

Dimensionamiento de cabinas de ascensores.

OBJETIVO

El primer objetivo de esta práctica es el cálculo y diseño de cabinas de acensores. El segundo objetivo consiste en el conocimiento de la composición de los diferentes elementos que componen las cainas a través de la visualización y análisis de los mismos. El tercer objetivo, es familiarizar al alumno con técnicas de optimización de dichos elementos con relación a variables como el coste ó peso.

MATERIAL y MÉTODO

Mediante el programa de cálculo "Cabina" se diseñarán y calcularán diferentes cabinas de ascensores. El alumno partiendo de unos datos concretos realizará los diseños pertinentes para obtener como resultado el elemento mas adecuado a los criterios de partida.

RESULTADOS

El alumno deberá confeccionar una tabla de resultados para cada uno de los apartados propuestos.

DURACIÓN

El tiempo para la realización de la práctica es de tres horas.

DESARROLLO

Calcular y diseñar 1 cabina de ascensor eléctrico con las siguientes características, de modo que el peso del conjunto sea mínimo. Se considerará un coeficiente de seguridad mínimo de 2.5 y se considerará para el cálculo del arco del bastidor el caso de carga correspondiente al accionamiento del paracaídas con carga distribuida.

Ascensor eléctrico standard para 4 personas y velocidad de 1.23 m/s. Dimensiones interiores de la cabina: 950x1265x2100 mm

Suelo Cabina:

Perfiles y posición, materiales y espesor.

Fondo Cabina:

Perfiles y posición, materiales y espesor.

Laterales Cabina:

Perfiles y posición, materiales y espesor.

Techo Cabina:

Perfiles y posición, materiales y espesor.

Suelo Bastidor:

Perfiles y posición, materiales y espesor.

Suelo Bastidor:

Perfiles y posición, materiales y espesor.

	Flecha (mm)	Coef. seguridad	EN-81
CABINA			
SUELO			
FONDO			
LATERALES			
TECHO			
BASTIDOR			
SUELO			
ARCO			

PROBLEMAS DE TRANSPORTES
PARTE D. TRANSPORTADORES Y ELEVADORES

EJERCICIO D 2.1

ENUNCIADO :

Calcular el transportador de banda necesario que posee las especificaciones dadas, con objeto de obtener un coeficiente de seguridad dentro de los margenes establecidos.

Material:	tierra seca γ=1,6 T/m^3
Capacidad teórica:	1200 m^3/h
Distancia horizontal:	L=400 m
Altura:	H=7 m
Inclinación:	δ=1°
Buenas condiciones de carga	
Ancho de banda:	B=1000 mm
Abarquillamiento:	α=20°
Capacidad teórica (1m/s):	Q_m =318 m^3/h
k=1	
C=1,1	
f=0,025	
Diámetro rodillos de apoyo	$\varnothing$=108 mm
Paso ramal superior	t_s =1 m (abarquillado)
Paso ramal inferior	t_i=1,5 m

Este cálculo debe realizarse para las siguientes configuraciones :

1. Polea motriz en cabeza, α=180°, μ=0,2.
2. Polea motriz en cabeza, α=240°, μ=0,4.
3. Doble polea motriz en cabeza, α_1 =180°, μ_1 =0,2, α_2 =210°, μ_2 =0,2.
4. Polea motriz en cabeza y cola, α_1^1=210°, μ_1^1=0,2, α_2^2=210°, μ_2^2=0,2.

SOLUCION :

Primero se calcula la velocidad de la banda a partir de los datos de capacidad de transporte:

$$Q = Q_m . v . k . \gamma$$

$$v = \frac{1200\left(m^3 / h\right).1,6\left(T / h\right)}{318\left(m^3 / h\right).1.1,6\left(T / h\right)} = 3,73 m / s$$

Una vez conocida dicha velocidad, se calculan los distintos pesos por unidad de longitud. El peso de material a transportar por unidad de longitud es :

$$P_Q = \frac{Q}{3,6.v} = \frac{1200\left(m^3 / h\right).1,6\left(T / h\right)}{3,6\left(s.T / kg.h\right).3,77\left(m / s\right)} = 3,73 kg / m$$

El peso de las partes móviles en cada ramal, teniendo en cuenta que la banda está abarquillada sólo en el ramal superior es, para un diámetro de rodillos igual a 108 mm :

$P_S = 15,9/1 = 15,9 \ kg/m$

$P_i = 13,3/1,5 = 8,867 \ kg/m$

I) Polea motriz en cabeza. α=180°, μ=0,2.

Se elige a priori una banda cauchutada formada por cuatro capas de EP 160/60 con recubrimiento 6:2, cuyo peso por unidad de longitud es:

$P_B = 13,96 \ kg/m$

Ahora se puede calcular la fuerza de accionamiento, la resistencia de cada ramal, y la potencia de accionamiento según el caso de transporte inclinado ascendente:

$$F = CfL((P_Q + 2P_B)\cos\delta + P_S + P_i) + HP_Q =$$
$$= 1,1 * 0,025 * 400[(141,55 + 2 * 13,96)\cos 1 + 15,9 + 8,867] + 7 * 141,355 = 3123,663kg$$

$$N_a = \frac{Fv}{75} = \frac{3123,663kg * 3,773m/s}{75} = 157,14CV$$

$$R_i = CfL(P_B \cos\delta + P_i) - HP_B =$$
$$= 1,1 * 0,025 * 400(13,96 * \cos 1 + 8,867) - 7 * 13,96 = 153,353kg$$

las tensiones son:

$$T_1 = F\left[1 + \frac{1}{e^{\mu\alpha} - 1}\right] = 6715,87kg$$
$$T_2 = T_1 - F = 3592,8kg$$
$$T_3 = T_4 = T_2 + R_i = 3746,3kg$$

Y el coeficiente de seguridad obtenido para esta banda EP 160/60 de 4 capas es:

Coef. Seg.=(Resistencia del material que constituye una capa)zB/T=

*=160kg/cm*4*100cm/6715,87 kg =9,53*

El cual pertenece al rango comprendido entre 9,5 y 10,5.

II) Polea motriz en cabeza, α=240°, μ=0,4.

Se escoge a priori una banda cauchutada formada por siete capas, del tipo B-60 con recubrimiento 2 :1, cuyo peso por unidad de longitud es:

$P_B = 25,89 \ kg/m$

Con lo que la fuerza de accionamiento y la resistencia del ramal inferior al movimiento son :

$F = 3388,23 \ kg$

$R_i = 201{,}26\ kg$

Las tensiones resultantes son :

$$T_1 = F\left[1 + \frac{1}{e^{\mu\alpha} - 1}\right] = 4167kg$$
$$T_2 = T_1 - F = 780kg$$
$$T_3 = T_4 = T_2 + R_i = 981kg$$

Y el coeficiente de seguridad obtenido es :

Coef. Seg.=(Resistencia del material que constituye una capa)zB/T=

*=60 kg/cm * 7 * 100 cm / 4167 kg = 10,07*

El cual pertenece al rango comprendido entre 10 y 11, correspondiente a una banda transportadora de 7 capas.

III) Doble polea motriz en cabeza, α_1=180°, μ_1=0,2, α_2=210°, μ_2=0,2.

Se escoge a priori una banda cauchutada formada por siete capas, del tipo B-60 con recubrimiento 2 :1, como en el caso previo.

Con lo que las fuerzas de accionamiento son :

$$F_2 = F\frac{e^{\mu_2\alpha_2} - 1}{e^{\mu_1\alpha_1}.e^{\mu_2\alpha_2} - 1} = 3062{,}24.\frac{1{,}081}{2{,}901} = 1141{,}08kg$$
$$F_1 = F - F_2 = 1921{,}157kg$$

Las tensiones son:

$$T_1 = F_1\left[1 + \frac{1}{e^{\mu_1\alpha_1} - 1}\right] = 4130kg$$
$$T_{12} = T_1 - F_1 = 2208{,}85kg$$
$$T_2 = T_{12} - F_2 = 1067{,}76kg$$
$$T_3 = T_4 = T_2 + R_i = 1209{,}6kg$$

y el coeficiente de seguridad que se obtiene es de *10,16*, el cual pertenece al rango comprendido entre 10 y 11, correspondiente a una banda transportadora de 7 capas.

IV) Polea motriz en cabeza y cola, α_1=210°, μ_1=0,2, α_2=210°, μ_2=0,2.

Se escoge una banda cauchutada formada por siete capas, del tipo B-60 con recubrimiento 2 :1, con lo que las fuerzas de accionamiento son :

$$F_2 = F\frac{1}{e^{\mu\alpha} + 1} + R_i\frac{e^{\mu\alpha} - 1}{e^{\mu\alpha} + 1} = 1043{,}96kg$$
$$F_1 = F - F_2 = 2018{,}27kg$$

las tensiones quedan:

$$T_1 = F_1\left[1+\frac{1}{e^{\mu\alpha}-1}\right] = 3894kg$$
$$T_2 = T_1 - F_1 = 2850{,}05kg$$
$$T_3 = F_2\left[1+\frac{1}{e^{\mu\alpha}-1}\right] = 2014{,}8kg$$
$$T_4 = T_3 - F_2 = 970{,}84kg$$

dado que la tensión más desfavorable es T_1, se obtiene un coeficiente de seguridad de *10,78,* el cual pertenece al rango comprendido entre 10 y 11, correspondiente a una banda transportadora de 7 capas.

Los valores obtenidos se resumen en la siguiente tabla :

Tabla D E1.1. Tensiones y tipos de bandas empleados

	Tensiones (kg)				*Tipo de banda*	
	T_1	T_2	T_3	T_4	*Fabricación*	*Coeficiente de seguridad*
I	6715	3592	3746	3746	4 capas EP 160/60Rec. 6 :2	9,53
II	4167	780	981	981	7 capas B 60 Rec.2 :1	10,07
III	4130	2208	1067	1209	7 capas B 60 Rec.2 :1	10,16
IV	3894	2850	2014	970	7 capas B 60 Rec.2 :1	10,78

EJERCICIO D 5.1

ENUNCIADO :

Se pretende hacer la instalación de una línea de telesillas de 1200 metros de longitud, superando un desnivel de 420 metros. La velocidad de servicio será de 2,3 m/s y la capacidad estimada de 1600 personas por hora, teniendo cada silla una capacidad máxima de tres personas. El peso del cable portador es de 5,8 Kg/m, el peso de una silla con mordaza es de 120 Kg. El diámetro de la polea motriz es de 3,2 metros. Calcular la variación de tensión en la línea y la potencia necesaria.

Duración del servicio :	t = L/v = 1200/ 2,3 = 8' 42»
Intervalo entre sillas :	t' = 3600 · N / Q = 3600 · 3 / 1600 = 6,75»
Distancia entre sillas :	e = t' · v = 15,525 m
Nº aproximado de sillas :	n = 155
Carga vertical debida al pasajero :	q = 80 · 3 = 240 Kg
Peso por metro lineal en vacío :	$P_p = P_d + \frac{s}{e}$ = 5,8 + 120/15,525 = 13,53 Kg/m
Peso por metro lineal cargado :	$P_e = P_p + \frac{q}{e}$ = 13,53 + 240/15,525 = 28,98 Kg/m
Peso con un 33% de carga :	$P_f = P_p + \frac{q \cdot 0,33}{e}$ = 13,53 + 240·0,33/15,525 = 18,63 Kg/m

Caso de existir hielo en la instalación, lado de subida vacío con hielo y lado de retorno vacío con hielo. El peso del vehículo se incrementa en un 60% y el del cable en un 45%. (μ_{hielo} = 0,01)

SOLUCION :

ΔP_d = 0,45 · 5,8 = 2,61 Kg./m

g = 0,6 · 120 = 72 Kg.

Peso por metro con hielo :

$P_g = P_d + \Delta P_d + \frac{s+g}{e}$ = 5,8 + 2,61 + (120+72)/15,525 = 20,77 Kg./m

Planteando los cinco casos mas usuales :

- i) lado de subida cargado y lado de retorno vacío.

$\mathbf{\Delta T} = h\,(P_e - P_p) + L \cdot 0,028 \cdot (P_p + P_e) =$

= 420 · (28,98 - 13,53) + 1200 · 0,028 · (28,98 + 13,53) = 7917,33 daN

- ii) lado de subida cargado y lado de retorno cargado al 33%.

$\mathbf{\Delta T} = h\,(P_e - P_f) + L \cdot 0,028 \cdot (P_f + P_e) =$

$= 420 \cdot (28{,}98 - 18{,}63) + 1200 \cdot 0{,}028 \cdot (18{,}63 + 28{,}98) = 5946{,}69$ daN

- iii) lado de subida vacío y lado de retorno vacío.

$\Delta \mathbf{T} = L \cdot 0{,}028 \cdot (P_p + P_p) = 2L \cdot 0{,}028 \cdot P_p =$

$= 2 \cdot 1200 \cdot 0{,}028 \cdot 13{,}53 = 909{,}21$ daN

- iv) lado de subida vacío y lado de retorno cargado al 33%.

$\Delta \mathbf{T} = h\,(P_p - P_f) + L \cdot 0{,}028 \cdot (P_f + P_p) =$

$= 420 \cdot (13{,}53 - 18{,}63) + 1200 \cdot 0{,}028 \cdot (18{,}63 + 13{,}53) = -1061{,}42$ daN

- v) lado de subida vacío con hielo y lado de retorno vacío con hielo.

$\Delta \mathbf{T} = L \cdot \mu_{hielo} \cdot (P_g + P_g) = 2L \cdot \mu_{hielo} \cdot P_g =$

$= 2 \cdot 1200 \cdot 0{,}01 \cdot 20{,}77 = 498{,}48$ daN

La carga máxima repartida es pues 28,98 kg/m que corresponde al caso i), en donde las sillas están cargadas. Estáticamente significa que no es necesario tener en cuenta la presencia de hielo para el cálculo de los equipos de poleas ni de los demás elementos que definan el estado de equilibrio del cable. Tampoco el hielo ejerce una acción predominante a tener en cuenta para el cálculo de la carrera del contrapeso.

Cálculo de la potencia necesaria :

Conocida la variación de tensión o lo que es lo mismo, el esfuerzo tangencial, se puede obtener el valor de la potencia requerida con la expresión :

$$P_W = \frac{\Delta T \cdot v}{75 \cdot \eta} = \frac{7917{,}33 \cdot 2{,}3}{75 \cdot 0{,}9} = 269{,}77 \text{ CV}$$

Seleccionando un motor de 315 CV con las siguientes características :

Peso = 2000 daN

Momento de inercia : $P\delta^2/4 = 11$ Kg m^2

velocidad : $n_1 = 1500$ r.p.m. ; $n_2 = 1485$ r.p.m.

$\eta = 94{,}5$ %

Par nominal : $M_n = 1480$ Nm

$M_{max} / M_n : K = 3{,}7 \Rightarrow M_{max} = K \cdot M_n = 3{,}7 \cdot 1480 = 5476$ Nm

El par resistente en régimen permanente en la polea motriz se obtiene con la expresión :

$$M_p = \frac{\Delta T \cdot D}{2} = \frac{7917,33 \cdot 3,2}{2} = 12.667,72 \text{ daN} \cdot \text{m}$$

La instalación se calcula para que arranque en 20 segundos, luego la aceleración será :

$a = v / t_a = 2,3 / 20 = 0,115 \text{ m/s}^2$

El peso total en la instalación es :

$P = (P_e \cdot L + P_p \cdot L) = (28,98 \cdot 1200 + 13,53 \cdot 1200) = 51012 \text{ daN}$

$$\Delta T_a = \frac{P}{g} \cdot a = \frac{51012}{9,8} \cdot 0,115 = 598,61 \text{ daN}$$

El par resistente en régimen de arranque en la polea motriz se obtiene con la expresión :

$$M_a = \frac{(\Delta T + \Delta T_a) \cdot D}{2} = \frac{(7917,33 + 598,61) \cdot 3,2}{2} = 13.625,5 \text{ daN} \cdot \text{m}$$

Como $\eta_r = 90\%$ y $\eta_m = 94,5\%$

$r = 215$

Calculamos

$$M_{mp} = \frac{M_P}{r \bullet \eta_m \bullet \eta_r} = \frac{12667,72}{215 \cdot 0,945 \cdot 0,9} = 69,27 \text{ daN m} = 692,7 \text{ Nm}$$

$$M_{ma} = \frac{M_a}{r \cdot \eta_m \cdot \eta_r} + \frac{P\delta^2 \cdot n}{375 \cdot t_a \cdot \eta_m \cdot \eta_r} \qquad \text{daNm}^2$$

$M_{ma} = \text{daNm}$

Comprobando la ecuación : $M_{max} = M_n \cdot K > M_{ma}$

5476 Nm > 955,3 Nm

EJERCICIO D 6.1

ENUNCIADO :

Cálculo de la potencia necesaria del motor de un funicular de movimiento alternativo

Parámetros:

Longitud horizontal l = 500m.
Desnivel H = 200m.
Carga máxima de cada vehículo = 50 pasajeros × 80 kg cada uno → 4000kg.
Peso del vehículo: 100kg por pasajero × 50 pasajeros → 5000kg.
Resistencia a la rodadura de los vagones = 5 kg por tonelada.
Cable tipo Seale de 114 hilos de 24mm de diámetro, con una resistencia de 41680kg y un peso de p = 2kg/m

SOLUCIÓN :

Bajo la hipótesis de un desnivel que sigue la cuerda geométrica que une las dos estaciones (rasante única) se tiene:

$\text{tg}\ \theta = 200/500 = 0{,}4 \rightarrow \theta = 21^{\circ}49' \rightarrow \text{sen}\ \theta = 0{,}3716$

L = = 538,60 m.

La solicitación máxima del cable se verifica cuando el vehículo cargado parte de la estación inferior:

Fuerza estática:

Componente del peso del vagón cargado 9000 × 0,3716	→	3350kg
Componente del peso del cable 2 × 538,60 × 0,3716	→	400kg
Resistencia a la rodadura del vagón 5 × 9	→	45kg
Resistencia independiente del movimiento de los vagones	→	25kg
Esfuerzo estático máximo total	→	3820kg

Fuerza de inercia de arranque por la masa puesta en juego:

Vehículo cargado	→	9000kg
Cable	→	1075kg
Masa de los rodillos	→	500kg
Total 10575 / 9,81	→	1070kg

Con una aceleración de 0,15 m/sg^2, la fuerza de inercia vale:

$F_i = 0{,}15 \times 1070 = 160\text{kg}.$

La reglamentación sobre funiculares terrestres, obliga considerar una fuerza de inercia doble de aquella que resulta de considerar como en nuestro caso aceleración constante, por lo que el valor final será de:

Fi = 160 × 2 = 320 kg

La suma de la fuerza estática y la de inercia nos da un valor final de:

3820 + 320 = 4140 kg

que es aproximadamente una diez veces inferior a la resistencia del cable utilizado, por lo que se tiene un buen coeficiente de seguridad.

Simultáneamente, para el vehículo descargado que parte de la estación superior se tiene:

Componente del peso del vehículo descargado 5000 × 0,3716	1858kg.
Resistencia a la rodadura del vagón 5 × 5	- 25kg.
Resistencia independientes del movimiento de los vagones	- 5kg.
Esfuerzo estático total	828kg.

El esfuerzo motor máximo a la velocidad de régimen es:

M = 3820 - 1829 = 1992kg.

y la potencia máxima adoptando una velocidad de régimen de 3m/sg y un rendimiento del 80% :

$$N = \frac{F \cdot v}{75\eta} = \frac{1992 \cdot 3}{75 \cdot 0{,}8} = 100 \text{ CV}$$

Análogamente, para la posición opuesta (vagón cargado en alto y descargado en la base) se tiene:

	Cargado	Descargado
Componente del peso de los vagones	3350 kg	1858kg
Componente del peso de la cuerda	0 kg	400kg
Resistencias totales al movimiento	50kg	-45kg
Total	3400kg	2213kg

M = 3400 - 2213 = 1187kg → N = 1187×3 /75×0,8 = 60 CV

La media a lo largo del recorrido es de (100 + 60) /2 = 80 CV

Se puede comprobar que la potencia necesaria varía considerablemente a lo largo del recorrido, siendo necesario en cualquier caso, dimensionar el motor para que sea capaz de suministrar la potencia máxima de 100 CV correspondiente a la situación más desfavorable.

EJERCICIO D 8.1

ENUCIADO:

Sea un blondín radial con cuchara cuya capacidad es de 10 toneladas en un parque de carbón de orografía plana. La longitud del trayecto es de 250 metros, la altura máxima del carbón es de 6 metros, la altura de la tolva es de 12 metros y está situada a 10 metros de la torre principal. La velocidad de elevación es de 60 m/min. Y la velocidad de traslación del carro es de 300 m/min.

SOLUCIÓN:

a) Cable portador

El criterio de flecha que se admite en el centro del recorrido será :

$f_{max} = l/25 = 250/25 = 10$ metros.

Se calcula la flecha del cable portador de la forma siguiente :

$$f_{max} = \frac{P \cdot l}{4 \cdot S} + \frac{g_T \cdot l^2}{8 \cdot S} = 10 \text{ m.}$$

con $P = Qu + Qc = 10000$ daN + 1400 daN = 11400 daN

Sea g_T el peso propio del cable y de valor 22 Kg/m.

Entonces se puede obtener S :

$$S = \frac{11400 \cdot 250}{4 \cdot 10} + \frac{22 \cdot 250^2}{8 \cdot 10} = 71250 + 17187{,}5 = 88437{,}5 \text{ Kg.}$$

Calculamos ahora la resistencia mínima a la rotura del cable :

$S_{min} = 3{,}5 \ 88.437{,}5 = 309.531{,}25$ Kg.

Se elige entonces un cable cerrado VVT de resistencia 120Kg/mm² y diámetro d = 62 mm, cuyo peso propio es $g_T = 22$ Kg/m y cuya resistencia teórica a la rotura es de 312.000 Kg.

Suponiendo el carro con 8 ruedas, la presión en cada una de las ruedas es de :

R = 11400/8 = 1425 Kg.

Por lo tanto la relación entre la presión de una rueda y la tensión del cable es :

R/S = 1425/88.437,5 = 0,016 = 1/62

Este valor es adecuado para el trabajo con la tolva y con un cable portador anclado en sus extremidades. Se adopta este tipo de tensado del cable con el fin de reducir las vibraciones de la cuchara en el momento del vaciado.

b) Altura de las torres.

En el caso de la cuchara en su posición mas alta, el carro posee una altura de 5 metros. Se reserva una distancia de seguridad de 2 metros entre la cuchara y el nivel del carbón, entonces la altura por encima de la línea horizontal que une las dos extremidades de las torres es :

h = hm + hs + hc + f = 6 + 2 + 5 + 10 = 23 metros

donde :

hm = altura del carbón
hs = altura de seguridad
hc = altura del carro
f = flecha

Tomando esta altura de 23 metros para las torres se debe comprobar la distancia existente entre la parte superior de la tolva y la cuchara.

La tensión del cable se reduce en función de la posición del carro en el trayecto. En este caso para 250 metros de recorrido y estando el carro a 10 metros de la torre principal, el coeficiente de reducción es 0,48. Por lo tanto $S = 0{,}48\ S_{max} = 0{,}48\ 88.437{,}5 = 42450$ Kg. El valor de la flecha en ese punto (f_x) se calcula mediante la siguiente ecuación :

$$f_x = \left(\frac{P}{1} + \frac{g_T}{2}\right) \cdot \frac{(1-x)\cdot x}{S} = \left(\frac{11400}{250} + \frac{22}{2}\right) \cdot \frac{(250-240)\cdot 240}{0{,}48 \cdot 88.437{,}5} = 3{,}2\ \text{m}.$$

Por lo tanto, entre el borde inferior de la cuchara y la tolva que tiene una altura de 12 metros (ht) quedará todavía el espacio siguiente (h') :

$h' = h - f_x - hc - ht = 23 - 3{,}2 - 5 - 12 = 2{,}8$ metros

Se puede concluir que una altura de torre de 23 metros es suficiente.

c) Cable de traslación.

Suponemos un sistema de cable de traslación con contrapeso. El cable de traslación está accionado por una polea de fricción cuyo arco de fricción es 360°, siendo el ángulo de la garganta de $\beta = 80°$.

$$\mu = 4\mu_0 \frac{1 - \operatorname{sen}\frac{\beta}{2}}{\eta - \beta - \operatorname{sen}\beta} = 4 \cdot 0{,}09 \cdot \frac{1 - 0{,}64}{\eta - 1{,}4 - 0{,}98} = 0{,}17$$

$$e^{\mu a} = e^{0{,}17 \cdot 2\pi} = 2{,}91 = \frac{S_1}{S_2}$$

La tensión máxima debe ejercerse cuando el carro se sitúa a 10 metros de la torre principal o de la opuesta :

$$T_1 = T_2 = P\left(\frac{tg\,\beta}{100} + \frac{w}{1000}\right)$$

$$tg\,\beta = \frac{(P + g_T \cdot l)\cdot(l - 2x)}{2 \cdot l \cdot S} = \frac{(11400 + 22 \cdot 250)\cdot(250 - 2 \cdot 240)}{2 \cdot 250 \cdot 0{,}48 \cdot 88437{,}5} = 0{,}184$$

$$T_1 = T_2 = 11400\left(\frac{18{,}4}{100} + \frac{20}{1000}\right) = 2320\ Kg$$

La tensión del cable, cuando el carro se sitúa en la torre secundaria se calcula mediante :

$$S_1 = T_1 + S_2 = T_1 + \frac{S_1}{e^{\mu a}} = T_1\,\frac{e^{\mu a}}{e^{\mu a} - 1}$$

$$S_1 = 2320\,\frac{2{,}91}{2{,}91 - 1} = 3530\ Kg$$

Cuando el carro se sitúa junto a la torre principal :

$S'_2 = S_1 + T_2 = 3530 + 2330 = 5850$ Kg.

Utilizando un coeficiente de seguridad de 4 con respecto a la resistencia teórica del cable, se elige el tipo de cable A 22x160 de diámetro 22 mm y 1,4 mm de diámetro de hilo, de acero de 160 Kg.

En el caso de realizarse el movimiento de traslación sin contrapeso, puede elegirse un diámetro de cable inferior o un cable menos resistente. En el caso de tomar un cable de 19 mm de diámetro con un diámetro de hilo de 1,2 mm de acero de 160 Kg y sección metálica de 1,29 cm2, se tendrá una resistencia teórica de 20600 Kg.

Las fuerzas de tracción S_1 y S_2 para el sistema de tracción son las mismas y por lo tanto :

$$\sigma_1 = \frac{3530}{2{,}91} = 2740\ Kg/cm^2 \qquad \sigma_2 = \frac{2740}{1{,}29} = 940\ Kg/cm^2$$

Cuando el carro se sitúe frente a la torre de la maquinaria, la tensión disminuye al valor σ'_1, que se calcula mediante la ecuación:

$$\frac{k^2\, l^2}{24}\cdot\left(\frac{1}{\sigma_1^2} + \frac{1}{n^2\,\sigma_2^2}\right) - \frac{\sigma_1 + \sigma_2}{E} = \frac{k^2\, l^2}{24}\cdot\left(1 + \frac{1}{n^2}\right)\cdot\frac{1}{\sigma'^2_1} - \frac{2\,\sigma'_1}{E}$$

Suponiendo un paso para los caballetes de 50 metros, n = l/50 = 250/50 = 5, la ecuación toma la forma:

$$\frac{0{,}0096^2\ 25000^2}{24}\cdot\left(\frac{1}{2740^2}+\frac{1}{5^2\ 940^2}\right)-\frac{2740+940}{1200000}=\frac{0{,}0096^2\ 25000^2}{24}\cdot\left(1+\frac{1}{5^2}\right)\cdot\frac{1}{\sigma'^2_1}-\frac{2\ \sigma'_1}{1200000}$$

De esta manera se pueden calcular los valores de σ'_1,

σ'_1 = 1970 Kg/m2 y por tanto $S'_1 = \sigma'_1\ 1{,}29 = 2540$ Kg.

La tensión máxima del cable de traslación será :

$S'_2 = S'_1 + T_2 = 2540 + 2320 = 4860$ Kg.

que es 1000 veces inferior al valor obtenido en el sistema con contrapeso. Para el cable elegido se tendrá un coeficiente de seguridad de :

Cs = 20600/4860 = 4,24

Se debe verificar la flecha del cable superior del sistema de traslación. Con la tensión inferior de S' 1 = 2540 Kg., la flecha en el centro se calcula como :

$$f_{max}=\frac{g_F\cdot l^2}{8\cdot S'_1}=\frac{1{,}22\cdot 250^2}{8\cdot 2540}=3{,}75\ \text{m.}$$

La flecha del cable portador teniendo en cuenta su propio peso y cuando el carro está en el extremo del recorrido se calcula como :

$$f_{max}=\frac{g_T\cdot l^2}{8\cdot S}=\frac{22\cdot 250^2}{8\cdot 26400}=6{,}5\ \text{m.}$$

De esta forma se verifica que el cable superior del sistema de traslación del carro y el cable portador no corren peligro de ponerse en contacto.

d) Cables de cierre y retenida.

La carga está repartida entre los dos ramales del cable de cierre por lo tanto con una fuerza de valor 10.000/2 = 5.000 daN. El sistema consta de una polea de reenvío en el carro, dos poleas en la torre auxiliar y una sobre la torre principal correspondiente al ramal superior del cable de elevación. Se calcula la tensión máxima del cable de elevación en la polea de tensión como:

$$S_{max}=\frac{5000}{0{,}96^4}=5887\ \text{daN}$$

El dimensionado del cable se realiza igual que para aparatos de elevación.

$d = k\cdot\sqrt{S}$

Se toma k = 0,35

$$d = k \cdot \sqrt{S_{max}} = 0{,}35 \cdot \sqrt{5887} = 26{,}8 \approx 27 \text{ mm}$$

Se elige un cable B27x160 con un peso por metro g_H = 2,38 Kg/m y una resistencia teórica de valor 40.200 daN.

El cable de retenida está solicitado por toda la carga durante un instante en el momento de apertura de la cuchara, en el resto del tiempo, no soporta mas que la mitad de la carga (cuchara vacía). Por ello se admite una solicitación del 75%, es decir, 0,75 · 10.000 = 7.500 daN, por lo tanto 3.750 daN por ramal del cable.

Con una polea de reenvío en el carro y otra sobre la torre principal la tensión máxima del cable sobre el tambor se calcula como :

$$S_{max} = \frac{3750}{0{,}98^4} = 4066 \text{ daN}$$

El dimensionado del cable se realiza igual que para aparatos de elevación.

$$d = k \cdot \sqrt{S}$$

Se toma k = 0,35

$$d = k \cdot \sqrt{S_{max}} = 0{,}35 \cdot \sqrt{4066} = 22{,}3 \approx 23 \text{ mm}$$

Se elige un cable B22x160 con un peso por metro g_H = 1,65 Kg/m y una resistencia teórica de valor 27.900 daN.

Para el cable auxiliar de elevación puede utilizarse idéntico diámetro que para el de cierre con la condición de hacerlo trabajar sobre dos ramales.

e) Comprobación de la flecha

Una vez determinados todos los cables, se puede comprobar el valor de la flecha teniendo en cuenta todas las influencias. Según la ecuación :

$$f_{max} = \frac{Q \cdot L}{4 \cdot \sum S} + \frac{\sum g}{\cos\alpha} \cdot \frac{L^2}{8 \cdot \sum S}$$

Al estar los puntos superiores de las torres el mismo nivel se tiene que : $\cos\alpha = 1$

ΣS = C. portador + C. cierre y retenida + C. Traslación
ΣS = 88.437,5 + 5.000 + 2.540 = 95.977,5 daN
Σg = C. portador + C. cierre y retenida + C. Traslación
Σg = 22 + 2,38 + 1,65 + 1,22 = 27,25 daN/m

Se debe además tener en cuenta el peso de cuatro caballetes de 25 daN cada uno apoyados en el cable con nudos que se reparten uniformemente por el recorrido

g_c = Peso de los Caballetes
g_c = 4 · 25 / 250 = 0,4 daN/m

con lo que en total se obtiene :

Σg = 27,25 daN/m + 0,4 daN/m = 27,65 daN/m

La flecha que se obtiene es por tanto :

$$f_{max} = \frac{11.400 \cdot 250}{4 \cdot 95.977,5} + \frac{27,65}{1} \cdot \frac{250^2}{8 \cdot 95.977,5} = 9,67 \text{ m}$$

La flecha obtenida es por lo tanto menor que la calculada de 10 metros considerando sólo la tensión del cable portador, luego el diseño es válido.

f) Motorización

f1) Motor de traslación.

La potencia máxima de régimen durante el desplazamiento del carro a plena carga, al final del recorrido hacia la torre principal se calcula mediante la expresión :

$$P_{max} = \frac{Q \cdot \left(\frac{tg\,\beta}{100} + \frac{w}{1000}\right) \cdot v}{4500 \cdot \eta} = \frac{11.400 \cdot \left(\frac{18,4}{100} + \frac{20}{1000}\right) \cdot 300}{4500 \cdot 0,75} = 207 \text{ CV}$$

Si la traslación se realiza a partir del centro del recorrido, la potencia térmicamente equivalente durante el tiempo de dicha traslación se calcula como :

$$P_t = \frac{P_{max}}{\sqrt{3}} = \frac{207}{1,73} = 120 \text{ CV}$$

Sin embargo si el blondín trabaja sólo en una tercera parte del recorrido, es decir, si el desplazamiento del carro comienza a 60 metros del centro del recorrido, la potencia de régimen vale inicialmente :

$$P = \frac{Q \cdot \left(\frac{tg\,\beta}{100} + \frac{w}{1000}\right) \cdot v}{4500 \cdot \eta} = \frac{11.400 \cdot \left(\frac{5}{100} + \frac{20}{1000}\right) \cdot 300}{4500 \cdot 0,75} = 71 \text{ CV}$$

Por lo tanto la potencia térmicamente equivalente durante la carrera vale :

$$P_{tm} = \sqrt{\frac{1}{3}\left(P_{max}^2 + P_{max} \cdot P + P^2\right)} = \sqrt{\frac{1}{3}\left(207^2 + 207 \cdot 71 + 71^2\right)} = 145 \text{ CV}$$

Para poder determinar cual de estos dos casos es el mas desfavorable, se debe determinar la duración del funcionamiento según el esquema del ciclo utilizado. Para ello se construye una tabla de tiempos.

Tabla D E8.1. Tabla de tiempos

Movimiento	*Carrera (m)*	*Velocidad (m/s)*	*Duración (s)*	*Suplemento en caso de aceleración, deceleración o ajuste (s)*	*Tiempo total para recorrido de 115 m (s)*	*Tiempo total para recorrido de 55 m (s)*
Cierre	6	1	6	1+0,5+3,5	11	11
Elevación	3	1	3	1+0+0	4	4
Traslación	115 (55)	5	23 (11)	5+2+0	30	18
Vaciado	6	1	6	1+0+0	7	7
Traslación	115 (55)	5	23 (11)	5+2+0	30	18
Descenso	3	1	3	1+0+0	4	4
Paro	0	0	10	0	10	10
TOTAL					96	72

Se calcula ahora el factor de marcha del motor de traslación con una carrera de 115 m :

$$\text{FdM} = \frac{30+30}{96} \cdot 100 = 62{,}5\%$$

y el factor de marcha del motor de traslación con una carrera de 55 m :

$$\text{FdM} = \frac{18+18}{72} \cdot 100 = 50\%$$

Se calcula la potencia necesaria para un factor de marcha del 40% para ambos casos :

carrera de 115 m : $120 \cdot \sqrt{\frac{62{,}5}{40}} = 150 \text{ CV}$

carrera de 55 m : $145 \cdot \sqrt{\frac{50}{40}} = 162 \text{ CV}$

Se puede por tanto elegir en un catálogo de motores uno de 162 CV para un factor de marcha del 40%

Comprobación de las aceleraciones.

Según la tabla de tiempos, se admite una duración del arranque de 10 segundos con aceleración uniforme. Para una velocidad de 300 m/min = 5 m/s, la aceleración del carro es de 5/10 = 0,5 m/s^2.

La potencia punta suplementaria al final del arranque vale por tanto :

$$P_a = \frac{P \cdot a \cdot v}{g \cdot 4500 \cdot \eta} = \frac{11.400 \cdot 0{,}5 \cdot 300}{9{,}81 \cdot 4500 \cdot 0{,}75} = 52 \text{ CV}$$

Como el par de arranque de un motor con un factor de marcha del 40% es superior a dos veces el par nominal, se dispone para la potencia de régimen y para la aceleración como mínimo de 2 x 162 = 345 CV. En el caso mas desfavorable (aceleración en el punto mas inclinado del camino de rodadura del carro) se precisarán ; 207 + 52 = 259 CV, que es menor que la potencia disponible. Incluso sin haber tenido en cuenta las masas giratorias, el motor resultaría capaz de acelerar el carro en el tiempo estimado de 10 segundos hasta su velocidad de régimen.

f2) Motor de elevación.

La potencia de régimen se calcula de la misma manera que para aparatos de elevación.

$$P_{max} = \frac{Q \cdot v}{4500 \cdot \eta} = \frac{10.000 \cdot 60}{4500 \cdot 0{,}75} = 177 \text{ CV}$$

Para calcular el factor de marcha hacemos una tabla de tiempos :

Duración del cierre de la cuchara : 11

Duración de la elevación : 7

Duración de la apertura : 7

Duración del descenso : 7

Total del ciclo : 32

El factor de marcha con el ciclo de traslación de carrera de 55 metros es :

$$FdM = \frac{32}{72} \cdot 100 = 44{,}5\%$$

Y la potencia correspondiente para un factor de marcha del 40% :

$$P = 177 \cdot \sqrt{\frac{44{,}5}{40}} = 187 \text{ CV}$$

Puesto que el carro no viaja siempre cargado, es necesario calcular la carga relativa M_r.

$$M_r = \frac{M_R + M_0}{2 \bullet M_R} = \frac{10.000 + 5.000}{2 \cdot 10.000} = 0{,}75$$

en donde: M_R = par en carga
M_0 = par en vacío

Tabla D E8.2. Momento relativo

M_r	*Mecanismo*
0,55 ÷ 0,6	cabrestante de gancho
0,75 ÷ 0,8	cabrestante de cuchara
0,65 ÷ 0,75	traslación de carros con gancho
0,75 ÷ 0,90	traslación de puente grúa con gancho
0,85 ÷ 0,95	traslación de carros con cuchara
0,9 ÷ 1	traslación de pórticos

En función de Mr, se elige un motor, cuya potencia de catálogo (correspondiente al F.d.M. de la máquina) sea inferior a la potencia de régimen. La tabla siguiente muestra los coeficientes de disminución:

Tabla D E8.3. Momento relativo

Momento relativo M_r	*0,55*	*0,60*	*0,70*	*0,80*	*0,90*	*1,00*
$r = \frac{\text{potencia de catálogo}}{\text{potencia de régimen}}$ (a plena carga)	0,74	0,74	0,76	0,83	0,91	1,00

Calculando el factor de disminución de la potencia de régimen según la tabla anterior, se obtiene el valor de la potencia nominal necesario :

$$P_N = r \cdot P = 0{,}83 \cdot 187 = 155 \text{ CV}$$

Dado que las potencias de los motores son muy parecidas es interesante elegir dos motores idénticos por razones económicas.

PRÁCTICAS DE TRANSPORTES PARTE D. TRANSPORTADORES Y ELEVADORES

PRÁCTICA D 1.

TÍTULO

Diseño de transportadores de cangilones y tornillo sinfín.

OBJETIVO

El primer objetivo de esta práctica es el cálculo y diseño de los distintos elementos de un elevador de cangilones y de un tornillo sin fin. El segundo objetivo consiste en el conocimiento de la composición y funcionamiento de los diferentes elementos que componen los sistemas mencionados a través de la visualización y análisis de los mismos. El tercer objetivo, es familiarizar al alumno con técnicas de optimización de dichos elementos con relación a variables como el coste ó su peso.

MATERIAL y MÉTODO

Mediante el programa de cálculo "Sinfines y Cangilones" se diseñarán y calcularán cada uno de los elementos que se indican en los apartados siguientes. El alumno partiendo de unos datos concretos realizará los diseños pertinentes para obtener como resultado el elemento mas adecuado a los criterios de partida.

RESULTADOS

El alumno deberá confeccionar una tabla de resultados para cada uno de los apartados propuestos.

DURACIÓN

El tiempo para la realización de la práctica es de cuatro horas.

DESARROLLO

Calcular y optimizar una instalación de transporte de carbón mineral, válida para transportar un flujo volumétrico de material de 200 m^3/h, desde un punto de coordenadas (0,0,0), hasta otro punto de coordenadas (20,30,70).

La instalación deberá estar constituida por tres elementos transportadores, que son los siguientes.

1. Transportador de cangilones (altura máxima: 60 m).
2. Transportador de tornillo sinfín, cuyo eje pertenezca al plano y=0.
3. Transportador de tornillo sinfín, cuyo eje pertenezca al plano x=20.

Datos referentes al precio de los diferentes elementos:

- Espesor de chapa de recubrimiento del transportador de cangilones: 5 mm.
- Espesor de chapa de cangilones: 5 mm.
- Espesor de chapa del canalón del tornillo sinfín: 5 mm.
- Precio del acero: 200 ptas/kg.
- Precio del kW de potencia de los motores eléctricos: 5000 ptas/kW
- Precio de la cadena tractora: 1000 Ptas/m.
- Precio del árbol tractor y espiral: 10000 Ptas/m.

RESOLUCIÓN

- <u>Cálculo de alturas</u>

Para obtener la mejor optimización, hemos elegido tornillos sinfines de máxima inclinación, es decir 20°.

TORNILLO SINFÍN 1

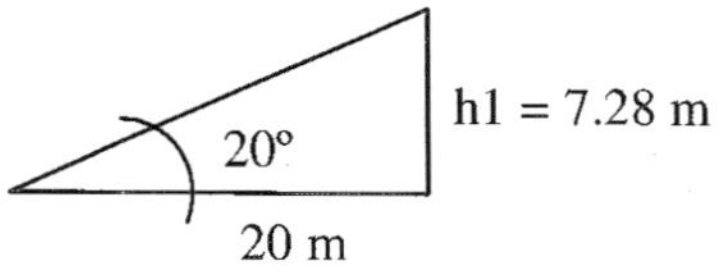

TORNILLO SINFÍN 2

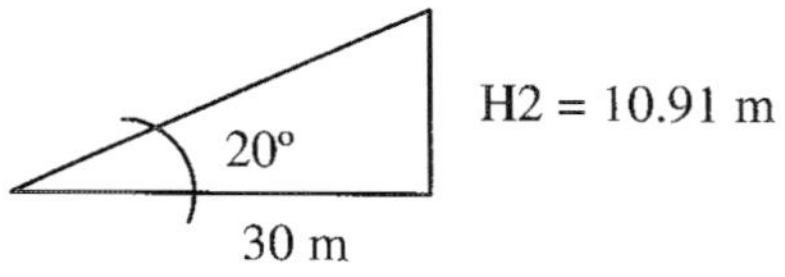

ELEVADOR DE CANGILONES

h3 = h – h1 –h2 = 51.8 m

- <u>Cálculo económico.</u>

ELEVADOR DE CANGILONES.

Sabemos que Q = 200 m^3/h y que su altura es de 51.8 m. Con la ayuda del programa utilizado elegimos un cangilón de 9 l.

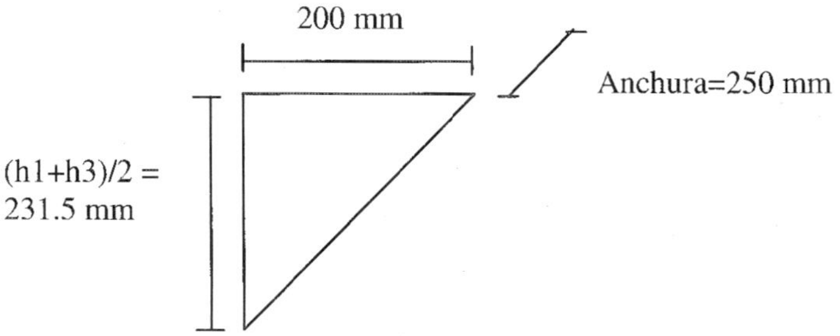

Necesitamos 183 cangilones. El volumen total del cangilón es 165301264.8 mm^3, y sabiendo que el acero tiene un densidad de 7800 Kg/m^3 tendrá un precio de 257869.9 ptas.

$$P.V.P._{CANGILÓN} = 257869.9 \text{ PTAS.}$$

El recubrimiento es lo siguiente:

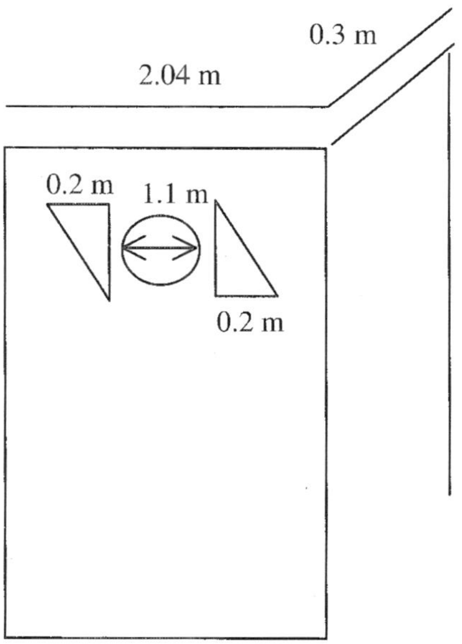

$v_{recubr} = 290.9 \text{ m}^2 * 0.005 \text{ m} = 1.4545 \text{ m}^3$

por lo que su precio será:

$$P.V.P._{RECUBR} = 1.4545 \text{ m}^3 * 7800 \text{ kg/m}^3 * 200 \text{ ptas/kg} = 2269088.64 \text{ ptas}$$

$$P.V.P._{RECUBR} = 2269088.64 \text{ ptas}$$

La potencia necesaria e de 65.656 CV = 48.257 kW.

$$P.V.P._{MOTOR} = 257869.9 \text{ ptas}$$

Y el precio de la cadena:

$$P.V.P._{CADENA} = 223536 \text{ ptas}$$

$$P.V.P._{ELEV.CANG} = 183 * P.V.P_{CANGILÓN} + P.V.P_{RECUBR} + P.V.P_{MOTOR} + P.V.P_{CADENA}$$

$$\mathbf{P.V.P._{ELEV.CANG} = 2991780.34 \text{ PTAS}}$$

TORNILLO SINFÍN 1.(ϕ = 1250 mm).

Necesitamos un motor de 15.811CV que equivalen a 11.63 KW. Entonces su precio será:

$$P.V.P._{MOTOR} = 58144.95 \text{ ptas.}$$

De recubrimiento tenemos

$$P.V.P._{RECUBR} = 782319.35 \text{ ptas.}$$

Y de cadena tractora y espiral

$$P.V.P._{CAD} = 212837.6 \text{ ptas.}$$

El precio total del sinfín será

$$\mathbf{P.V.P._{SINFIN1} = 1053301.9 \text{ ptas.}}$$

TORNILLO SINFÍN 2.(ϕ = 1250 mm).

Necesitamos un motor de 23.717 CV que equivalen a 17.44 KW. Entonces su precio será:

$$P.V.P._{MOTOR} = 87219.26 \text{ ptas.}$$

De recubrimiento tenemos

$$P.V.P._{RECUBR} = 1173479 \text{ ptas.}$$

Y de cadena tractora y espiral

$$P.V.P._{CAD} = 319256.381 \text{ ptas.}$$

El precio total del sinfín será

$$\mathbf{P.V.P._{SINFIN2} = 1579954 \text{ ptas.}}$$

El precio total de la instalación será la suma del precio de cada parte.

$$P.V.P._{TOTAL} = P.V.P._{ELEV.CANG} + P.V.P._{SINFIN1} + P.V.P._{SINFIN2}$$

Made in the USA
Coppell, TX
05 November 2026

11289014R00142